JN122223

「農産物流通技術 2022」の発刊にあたって

　農産物流通技術研究会の年報「農産物流通技術 2022」を皆様にお届け致します。本研究会員の方々をはじめ農産物流通技術に関係する多くの方々に、本年報を毎年、ご愛読いただいておりますことを深く感謝申し上げます。

　本年報は 1980 年に第 1 冊目を発刊して以来、今回で 43 冊目になります。この間、時代を先取りした斬新な内容をお届けするとともに、毎年、内容の一層の充実をはかり、読者の皆様のご要望に、より的確に応えられるようにと努めてまいりました。今回も皆様からいただいた多くのご要望・ご期待にお応えすべく、充実した内容に仕上げるよう大いに努力いたしました。本年報に関する皆様の評価をお待ちしております。

　さて、2022 年は新型コロナウイルスが発生して 3 年目となりますが、新年からオミクロン株の第 6 波が流行し、さらには 7 月からオミクロン株 BA.5 で第 7 波の大流行となりました。コロナとの付き合い方も徐々に慣れてきて、すべての生活様式が大きく変わってしまい、会議はほとんど TV 会議となり、仕事もテレワークを導入する会社が増えてきました。

　さらに、2022 年はロシアによるウクライナ侵攻で、世界の穀物や原油の価格の上昇で他の商品の価格も上昇しました。一方、円安の影響で輸出への追い風は吹いています。AI 化や自動化はますます導入されてくるはずです。このような状況の中でも、農産物の生産、流通コストの引き下げや、高付加価値化には、今まで以上に努力する必要があることに変わりはありません。

　農産物流通技術研究会が会員の皆様と一丸となって、新しい様式を構築していく必要があり、また、輸出拡大などにおける流通上の問題解決に寄与できるものと信じており、関係者の皆様のお手伝いをしていきたいと思っているところであります。

　さて、今年の年報ですが、全部で 3 部構成になっております。第 1 部は「総論」です。ここでは流通技術研究と流通経済研究のリーダーお二人に、「輸出拡大に向けた政府の目標と研究開発」と「果実の価格上昇が消費に及ぼす影響」と題して、論じていただきました。

　第 2 部は、各分野の専門家による部門別の生産・流通の動向分析です。野菜・果樹・穀類・花きの生産・流通及び青果物の輸出入における最近の状況と問題点などについてまとめていただきました。

　第 3 部においては、『with/post コロナにおける農産物流通』を特集に組みました。「農林水産物・食品の輸出拡大実行戦略について」、「農林水産物・食品の輸出に対する支援体制」、「果樹の品種開発と最近の優良品種」、「持続可能な農産物流通を支える物流システムの構築」、「持続可能性を追求するパルシステム「お料理セット」」と題して、まとめていただきました。

　第 1 部から第 3 部まで、それぞれの分野の第一人者の方々からご寄稿いただきました。たいへん密度の高い内容となっており、読者の皆様に大いに役立つ内容と確信しております。また、時代を先取りした内容になっており、それぞれの分野における今後の方向性をしっかり示しているものであります。うまくご活用いただきますことを願っております。

　最後になりましたが、本年報の企画、編集、執筆にご尽力いただきました皆様に、厚くお礼申し上げます。

2022 年 9 月

農産物流通技術研究会　会長　　長谷川美典

農産物流通技術 2022　目次

Ⅲ．特集「with/post コロナにおける農産物流通」

Ⅳ．資料編

Ⅰ．総論　農産物・食品流通のあり方

Ⅰ．総論　農産物・食品流通のあり方

1．輸出拡大に向けた政府の目標と研究開発

農研機構 本部 総括執行役 兼 果樹茶業研究部門 所長　　**生駒 吉識**

1．はじめに

政府は、「食料・農業・農村基本計画（2020 年 3 月閣議決定）」等において、農林水産物・食品の輸出額を 2025 年までに 2 兆円、2030 年までに 5 兆円に拡大する目標を設定した。また、これらの目標を実現するため、2020 年 11 月に「農林水産物・食品の輸出拡大実行戦略」を策定した（2021 年 12 月及び 2022 年 6 月に改訂）。

この実行戦略では、輸出拡大には、国内における余剰品を輸出できる国だけに輸出するというこれまで主流であった「プロダクトアウト」視点のビジネスモデルから、生産から現地販売までのバリューチェーン全体を「マーケットイン」視点のビジネスモデルに徹底的に転換することが必要とされた。すなわち、海外市場で求められるスペック（量・価格・品質・規格）の産品を専門的・継続的に生産・輸出する体制の整備が必要とされた。

また、この実行戦略では、日本の強みを有する品目として「輸出重点品目」が選定された。農畜産物に限ると、牛肉、豚肉、鶏肉、鶏卵、牛乳・乳製品、果樹（リンゴ、ブドウ、モモ、カンキツ、カキ・カキ加工品）、野菜（イチゴ、カンショ等）、切り花、茶、コメ・パックご飯・米粉及び米粉製品が含まれ、林産物、水産物、加工食品をあわせると、28 品目が「輸出重点品目」に選定されている。今後の輸出拡大に際しては、これらの品目毎に、ターゲット国・地域を特定し、さらに、具体的な輸出目標・手段の明確化を行った上で、「輸出重点品目」を中心に輸出を加速させ、その波及効果として、全体の輸出を伸ばすことを目指すべきとされた。

一方、輸出拡大のためには、国内の生産体制の整備が必須である。農業における労力不足、高齢化の流れは進展しており、基幹的農業従事者（15 歳以上の世帯員のうち、ふだん仕事とし

て主に自営農業に従事している者）は減少傾向で（2020 年、136 万人）、そのうち 65 歳以上の階層が全体の 70%（95 万人）、一方若年層（49 歳以下）は 11%（15 万人）の状況となっており（令和 3 年度食料・農業・農村白書）、このような就業構造にあわせた生産体制を構築しなければ、輸出拡大どころか、国内需要への対応も次第に難しくなると考える。

本稿では、「輸出重点品目」として重要な果樹及び茶を事例として、これらの生産や輸出の現状と目標、及びこれらの目標達成に向けて推進している農研機構の研究開発を紹介する。

2．果樹・茶における消費・生産動向

国内における 1 世帯当たりの果実消費は減少している。購入量ベースで見ると、2020 年には、1990 年に対して 40% 減少した（図 1）。国内果実の生産はそれを上回るスピードで減少しており、生産量ベースで、2020 年には、1990 年に対して 50% 減少した（図 1）。このような状況の中、近年は、市場への国産果実供給量が低下し、卸売り価格が上昇する傾向にある。果樹の「輸出重点品目」であるリンゴ、ブドウ、モモ、カンキツ、カキのどれにおいても、生産量が低下し、単価が上昇する傾向にある。世界に目を向けると、リンゴ、ブドウ、モモ、カンキツ、カキのどれにおいても、果実生産量及び輸出額は増加している（図 2）。また、日本産果実の輸出単価は、競合国の中国、韓国に比べて顕著に高い。

茶では、国内需要が、緑茶（リーフ茶）から茶飲料へシフトしている中、国内の茶の作付面積及び生産量は減少し、さらに、一番茶、二番茶、三番茶の単価の低下傾向が続いている（図 3）。一方、世界的には、緑茶生産量とその貿易量は増加すると予測されており、2027 年には、

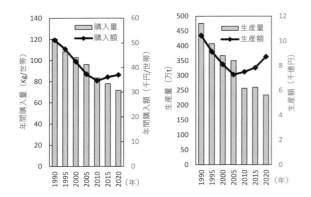

図1　我が国の果実の消費・生産動向
注）総務省家計調査年報、農水省耕地及び作付面積統計、
　　及び農水省果樹生産出荷統計より

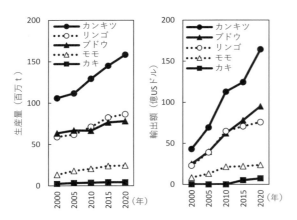

図2　主要果実の世界の生産・輸出動向
注）FAOSTAT より

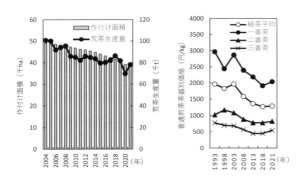

図3　我が国の茶の生産動向と価格
注）農水省作物統計、全国茶生産団体連合会調査より

2017 年に対して、生産量が 2.1 倍、貿易量が
1.6 倍になるとする予測結果もある（FAO の茶
に関する政府間協議資料）。

　このように、果樹と茶では、世界的な輸出拡

大基調の下、今まさに、我が国からの輸出拡大
のビジネスチャンスを迎えている。

3．輸出拡大と生産力強化に向けた政府の目標

　1990 年以降の我が国からの果樹の輸出動向
を見ると、リンゴ、ブドウ、モモでは、輸出が
増加傾向にあり、特に、ブドウ、モモの、近年
の輸出増加傾向が顕著である（図4）。これに対
して、カンキツ（図ではウンシュウミカン）と
カキの輸出は、近年停滞している（図4）。この
ような状況の中、冒頭紹介した「農林水産物・
食品の輸出拡大実行戦略」では、これらの輸出
額の 2025 年目標が設定された（表1）。リンゴ
では 177 億円、ブドウでは 125 億円、モモでは
61 億円、カンキツ（ウンシュウミカンとその他
のカンキツ）では 39 億円、カキでは 14.1 億円
とされている。最も輸出額の高い目標設定とな
っているリンゴでは、2019 年実績に対して
2025 年目標は 122％で微増であるが、その他の
果樹品目では、300％を超える目標値となって
おり、大幅な輸出拡大が必要となっている。

　前述のとおり、このような輸出拡大を実現す
るためには、国内生産力の強化が必須である。
このため、果樹農業振興基本方針（2020 年）で
は、これまでの供給過剰基調に対応した生産抑
制的な施策から、低下した供給力を回復し、生
産基盤を強化するための施策に転換され、生産
数量を増加させる目標が掲げられた。2030 年の
生産数量目標は、リンゴでは 81.9 万トン、ブド
ウでは 21 万トン、モモでは 12.4 万トン、カン
キツでは 114.6 万トン（ウンシュウミカンとそ
の他のカンキツ含む）、カキでは 22.8 万トンと
された（表1）。これらは、2018 年実績に対し
て、105～120％に拡大する目標となっており、
特に、ブドウでの拡大幅（120％）が大きくなっ
ている。

　茶の輸出は、近年着実に増加しており、2021
年には、輸出量 6,179 トン、輸出額 204 億円と
なり、輸出額については、この 10 年で約4倍
に拡大している（図5）。輸出先は、米国、EU、
台湾が中心であるが、特に、米国と EU におい

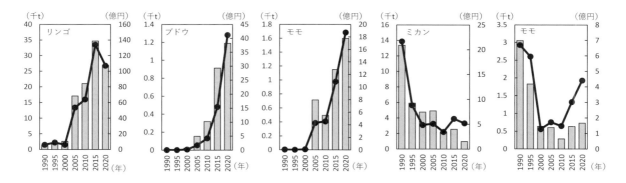

図4 我が国からの主要果実の輸出動向

注1）財務省貿易統計より。注2）棒；輸出量（左）、折れ線；輸出額（右）。

表1 果樹・茶の政府の輸出及び生産目標

	輸出額（億円）			生産数量（万t）		
	2019年実績	2025年目標	2019年比（％）	2018年実績	2030年目標	2018年比（％）
リンゴ	145.0	177	122	75.6	81.9	108
ブドウ	32.0	125	391	17.5	21.0	120
モモ	19.0	61	321	11.3	12.4	110
カンキツ	6.7	39	582	109.0	114.6	105
カキ	*4.4	14.1	**320	20.8	22.8	110
茶	146.0	312	214	8.6	9.9	115

注1）カキでは、2020年実績*、及び2020年比**
注2）輸出額は、農林水産物・食品の輸出拡大実行戦略（2022年6月改訂版）より
注3）生産数量は、果樹農業振興基本方針（2020年）、及び茶業及びお茶の文化の振興に関する基本方針（2020年）より

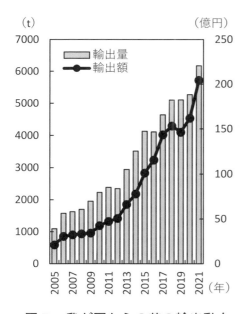

図5 我が国からの茶の輸出動向

注1）財務省貿易統計より
注2）棒；輸出量（左）、折れ線；輸出額（右）

表2 我が国からの形状別の緑茶輸出実績（2021年）

	輸出量（t）			輸出額（百万円）		
	粉末状	その他	合計	粉末状	その他	合計
米国	1,648 (73%)	606 (27%)	2,254	7,685 (75%)	2,616 (25%)	10,301
EU（除く英国）	307 (40%)	467 (60%)	775	1,807 (58%)	1,294 (42%)	3,101
台湾	132 (9%)	1,365 (91%)	1,497	506 (30%)	1,197 (70%)	1,703
世界計	3,024 (49%)	3,155 (51%)	6,179	13,338 (65%)	7,081 (35%)	20,418

注1）財務省貿易統計より
注2）粉末状には抹茶を含む
注3）表の括弧中の％は、各国における形状別割合

ては、粉末状の緑茶（抹茶を含む）の輸出割合が高く、これらの地域における抹茶・粉末茶の人気（米国、欧州等）を反映している状況である（表2）。「農林水産物・食品の輸出拡大実行

戦略」では、茶の輸出額の 2025 年目標として、312 億円が設定された（表 1）。これは、2019 年実績（146 億円）に対して 214% の目標となっており、大幅な輸出拡大が必要である。

茶の国内生産力の強化については、茶業及びお茶の文化の振興に関する基本方針（2020 年）において、生産数量目標が設定されており、2030 年目標として 9.9 万トンが掲げられた（表 1）。この目標は、2018 年実績に対して 115% に相当する値となっている。

４．農研機構の研究開発

農研機構では、果樹・茶における輸出拡大と、それを支える生産力強化に向けて、以下の課題の解決に向けた研究開発を推進している。

①輸出対象国の規制への対応
②輸出対象国のニーズへの対応
③輸送の低コスト化
④国内生産の労働生産性の向上
⑤輸出拡大に有効な品種の育成

1 番目の「輸出対象国の規制への対応」については、「農林水産物・食品の輸出拡大実行戦略」における、ブドウの「台湾の残留農薬基準に適合可能な産地・園地の拡大」、茶の「米国の残留農薬基準に適合した生産拡大」という方針に従って、2021 年より、これらの残留農薬基準をクリアするための病害虫防除技術の開発を開始した（表 3）。ブドウでは「シャインマスカット」を対象とし、中華圏の春節に向けて輸出期間を拡大するために、国内で収穫時期が最も遅い山形県での普及を目指した「輸出対応型防除技術」、茶では二番茶、秋冬番茶の輸出を拡大すべく、病害虫の発生の多いこれらの番茶に適用し得る「輸出対応型防除技術」の開発を進めている。いずれの研究課題でも、輸出相手国の残留農薬基準を踏まえ、新たな防除法の防除効果と当該防除法による農薬残留を確認する。これの成果が出れば、JA 等が作成する病害虫防除暦に反映され、2025 年の輸出額目標であるブドウの 125 億円、茶の 312 億円に貢献できると考えている。

2 番目の「輸出対象国のニーズへの対応」に向けては、緑茶新品種「せいめい」の産地形成に取り組んでいる（表 3）。「せいめい」は、テアニン含量が高く（「やぶきた」の数倍）、色合い、うま味に優れた抹茶に適した品種である。前述したとおり、米国、欧州等では、抹茶を含めた粉末茶に対するニーズが高く、このニーズをうまくとらえる輸出拡大に適した品種として期待できる。現在、鹿児島県を中心として「せいめい」の栽培面積拡大に取り組んでおり、2025 年には、鹿児島県内で 110ha の普及を見込んでおり、2025 年の茶の輸出額 312 億円に対する貢献を期待している。また、「せいめい」は、病害抵抗性が強いため、1 番目の課題である輸出対象国の残留農薬基準への対応に対しても有望な品種であり、減農薬栽培技術を確立できれば、農薬残留リスクを低下させることができる。加えて、この病害抵抗性を活かした有機栽培技術を確立・普及できれば、EU 等でニーズの高い有機農産物として、輸出拡大に貢献できると考えられる。「農林水産物・食品の輸出拡大実行戦略」においても、「EU は特に厳しい残留農薬基準が輸出に当たっての障壁になっていることに加え、有機に対する嗜好が強いことから、有機栽培茶自体の国内生産量を増やす」という方針が示されており、今後、「せいめい」は、この方針を推進する主役になることを期待している。

3 番目は、輸送の低コスト化への対応である。「農林水産物・食品の輸出拡大実行戦略」において、「モモは非常にデリケートな果物であるため、鮮度保持輸送のための最適条件の体系化が重要」と課題が指摘されている。鮮度保持を考えると空輸が理想であるが、輸送コストを低くするには、船便輸送が望ましい。そこで、船便輸送期間中に、果実硬度を高く維持し、荷痛みを少なくできると考えられる硬肉モモの研究開発を進めている（表 3）。硬肉モモは、8 ～ 15℃程度の温度に置くと軟化するが（Tatsuki et al. 2021）、東南アジアへの船便による輸出を考えた場合、船便輸送中には荷痛みしにくい程度の硬度で維持し、輸出対象国に到着する頃、

表3　農研機構が推進している輸出拡大に向けた主要な研究開発プロジェクト

解決すべき課題	対応する研究課題（プロジェクト）	主な研究内容	参画機関
①輸出対象国の規制への対応 ③輸送の低コスト化	春節に向けたシャインマスカット輸出を拡大する長期貯蔵技術の開発（国際競争力強化技術開発プロジェクト）	①輸出相手国の残留農薬基準を満たす防除暦案策定に向けた、残留農薬分析および防除暦案の改訂実証　②長期鮮度保持及び安定した輸送の実現に向けた、包装及び緩衝資材の検討と船便による輸送実証	農研機構（代表）、山形県農業総合研究センター園芸農業研究所、小島プレス工業株式会社
①輸出対象国の規制への対応	二番茶、秋冬番茶の輸出を可能とするIPM体系の開発（国際競争力強化技術開発プロジェクト）	①農薬の残留リスク評価と輸出向け栽培での合理的利用法の提示　②耐病性品種利用や物理的防除法等の農薬代替防除技術の導入	農研機構（代表）、鹿児島農総セ、宮崎総農試茶支、福岡農林試八女、静岡農専大、（株）伊藤園
①輸出対象国の規制への対応 ②輸出対象国のニーズへの対応	緑茶新品種「せいめい」の産地形成と高品質・安定供給技術（九州沖縄経済圏スマートフードチェーンプロジェクト）	①病害抵抗性が高く、抹茶に適した茶「せいめい」の高品質安定生産技術の開発・普及	農研機構（代表）、鹿児島県、かごしま茶「せいめい」研究会
③輸送の低コスト化	硬肉モモ等の輸送に適したモモ品種・系統の育成および最適な軟化制御・鮮度保持技術の開発（国際競争力強化技術開発プロジェクト）	①高品質な硬肉モモ品種・系統の育成と硬肉モモを普通モモのように軟化させる技術の開発　②硬肉モモの長距離輸送技術の開発	農研機構（代表）、山梨県、福島大学
④国内生産の労働生産性の向上	省力樹形に適した果樹品種・系統の選定と最適な栽培管理方法の開発（国際競争力強化技術開発プロジェクト）	①省力樹形向きの品種特性の解明　②省力樹形での生産性向上に向けた着果管理方法の検討	農研機構（代表）、宮城県、神奈川県、静岡県、長野県、新潟県、福岡県
⑤輸出拡大に有効な品種の育成	国際競争力を強化する果樹茶新品種育成（国際競争力強化技術開発プロジェクト）	①黒星病抵抗性リンゴの開発（生産力強化、農薬の残留リスク低減に貢献）　②軟化しにくいカキの開発（輸送コスト低減に貢献）	農研機構

丁度美味しく食べられるような、硬肉モモの軟化技術と鮮度保持技術を開発している。硬肉モモの新品種や、当該品種に適した軟化技術及び鮮度保持技術の普及は、2025年には間に合わないが、それ以降のモモの輸出拡大に貢献することを期待する。また、ブドウにおいても「農林水産物・食品の輸出拡大実行戦略」において、「輸送中の鮮度を保持するための最適条件の体系化」が必要とされているため、「シャインマスカット」を対象にして、中華圏等に向けた輸出技術の開発を推進している（表3）。春節に向けた輸出を狙っているため、長期貯蔵技術と貯蔵後の輸送技術をセットで検討し、輸送後果実の秀品率を 60％以上にすることを目指している。

4番目の「国内生産の労働生産性の向上」については、輸出拡大を支える生産力強化に向けて必須の課題である。農研機構は、リンゴでは高樹高 V 字樹形（カラムナータイプの品種活用）、ミカンでは密植双幹樹形、カキではわい性主幹形の樹形によって省力化・多収化を進め、労働生産性を、慣行の3倍以上に向上させる技術開発を進めている（表3）。カラムナータイプのリンゴを新品種として登録する必要があること、各樹形を導入するには改植が必要なこと

等から、直ぐには現場での効果を発揮できないが、将来的には、現在、別のプロジェクトで開発が進められている果実収穫ロボットとの組み合わせで、労働生産性の一層の向上を図りたい。

5番目の輸出拡大に有効な品種の育成については、黒星病抵抗性リンゴの開発、軟化しにくいカキの開発等を進めている（表3）。黒星病抵抗性リンゴは、当該病害に対する防除費削減や被害軽減に有効で、リンゴ生産の低コスト化、安定化を通じた生産力強化に有効である。さらに、農薬散布を削減できることで、残留農薬リスクの軽減にも役立つため、1番目の輸出対象国の規制への対応にも貢献する。軟化しにくいカキは、室温で約 30 日間硬度を保持できる特性を有しており（同時期に収穫する既存品種より 10 日以上日持ち）、この特徴を活かして、香港や東南アジアへの輸出、さらに、2017 年に解禁された米国への輸出に対応したい。

5．おわりに

輸出拡大に対応する品種や技術をさらに活かすためには、これらを国際標準化していくことが重要と考える。例えば、抹茶は、「Matcha」として世界中で知られるようになったものの、

「抹茶とは何か」という国際的な規格がないため、紅茶等を粉末状にした「Matcha」と称する製品が流通する等、様々な製造方法や品質のものが出回っている状況である。

そこで、農研機構は、農水省や国内茶業関係機関等と連携して、抹茶の定義に関する国際標準化活動を推進し、2022年4月に、国際標準化機構（ISO）から、抹茶の定義に関する技術報告書（ISO/TR 21380:2022）が発行された。この報告書には、抹茶の歴史、原料（碾茶、遮光栽培を行った葉を蒸した後、もまずに乾燥したもの）、碾茶から抹茶への加工方法、品質等が記載されてる。具体的には、遮光栽培で葉の緑色を濃くするとともに、うま味を増やし抹茶特有の香りを生じさせること、鮮やかな緑色を保ったまま、豊かな香りを生成するために碾茶機等を用いて碾茶を製造すること、舌触りや喉ごしを良くするために石臼等で碾茶を非常に細かい粉末状にすること等が記載されている。すなわち、単に茶葉を粉にしたものが抹茶になるのではなく、上記に方法によって栽培・製造したものが、抹茶であるということが、ISO技術報告書に記載された。なお、今回の技術報告書は、ルールとして何かを規定するものではなく、今後、品質に関わる化学成分の含有量も盛り込んで、ISO規格にする予定である。このようなISO規格が出来れば、真の抹茶が適切に評価され、抹茶のブランド価値向上と輸出拡大につながると期待している。

日本産の果樹・茶のおいしさや機能性等、その特徴をしっかり海外に周知し、輸出拡大につなげていくためには、上記の抹茶以外にも、国際標準化活動を推進していくことが重要と考える。国際標準化活動は、農研機構等の研究機関だけでは成しえない。行政や関連する業界等の皆さんとオールジャパンで連携して、推進する必要がある。

文　献

Tatsuki, M., Sawamura, Y., Yaegaki, H., Suesada, Y., Nakajima, N., 2021. The storage temperature affects flesh firmness and gene expression patterns of cell wall-modifying enzymes in stony hard peaches. Postharvest Biol. Technol. 181, 111658.

２．果実の価格上昇が消費に及ぼす影響

名古屋大学 大学院生命農学研究科 教授　　**徳田　博美**

１．はじめに

　今年は、新型コロナ感染拡大による物流の混乱、ロシアによるウクライナ軍事侵攻の影響などによる食料価格の高騰が大きな社会問題となっている。この食料価格の上昇は、食料消費に大きな影響を与えるであろう。

　果実では、リーマンショック以降、価格は上昇し続けている。卸売市場統計でみると、果実全体の平均価格は、2009 年の 242 円/kg から 2021 年の 375 円/kg に、12 年間で 55％も上昇した。この価格上昇は、果樹生産者の収益を拡大し、経営的に一息つける状況をもたらした。しかし、その一方で果実需要への影響も懸念される。果実需要の縮小、果物離れが言われ始めてから久しいが、価格上昇はそれに拍車をかけることが危惧される。

　本稿では、果物離れが言われ始めた 1980 年代以降の果実価格と消費量の変化を既存統計によって分析し、果実価格の上昇が消費量の減少にどのように影響したかを考えてみたい。その際、果実消費に影響する要因の中でも年齢と世代に注目する。食品の中には、年齢が上がる（加齢）に従って、消費が増えるものと減るものがある。果実は加齢とともに消費が増える食品とされている。「若者は果物を食べなくなった」とよく言われるが、それは今に限ったことでなく、昔から年長者に比べて若年者の果物消費量は少なかった。

　世代とは、誕生した時期を共有する集団である。誕生してから同じような社会経済環境を経験することで、世代ごとに共通した意識、行動が形成される。食習慣でも、世代による特徴が現れる。食料消費の変化は、世代交代が大きく影響している。

２．果実の卸売価格と数量の変化

　果実の価格と消費量との関わりについて、ま　ず卸売市場における果実価格と卸売数量の関係からみていく。図１は 1980 年以降の果実全体の卸売数量と価格の変化を示したものであるが、特徴的な軌跡をたどっていることがわかる。数量と価格の関係は３つの時期に区分することができる。

　第１期は、バブル経済が崩壊する 1991 年までである。この時期は、卸売数量は７～８百万トン程度で、卸売価格は 240～320 円/kg 程度で推移し、両者には明確な負の相関関係がみられた。総体的にみれば、年次変動はあるが、数量は減少傾向にあり、それにともなって価格は上昇した。この時期には、バブル経済期に向けて果実消費の高級化が進み、果実生産でも高品質化が図られたが、その結果として、価格上昇と引き換えに果実消費量は減少したと考えられる。

　第２期は、その後、リーマンショック後の 2009 年までである。この時期には、卸売数量は 660 万トンから 440 万トンに大きく減少した[1]。価格はバブル崩壊によって下落し、その後、数量の減少に対応した価格上昇が短期的にはみられるが、アジア経済危機が起きる 1998 年あたりで下落し、さらにリーマンショックで下落している。このように卸売価格は、わが国の景気動向に影響されながら[2]、卸売数量が減少する中でも、総体としては、ほぼ横ばいで推移していた。すなわち、第２期には、価格変動とは無関係に卸売数量が減少している。

　第３期は、2009 年以降現在までの時期である。この時期には、卸売数量と価格との負の相関関係が回復し、ほぼ一貫して数量が減少する一方で、価格は上昇した。2020 年には数量が 2.7 百万トンにまで落ち込み、その一方で価格は 374 円/kg にまで上昇した。第３期には、果樹農家は高齢化し、大幅に減少した。その結果、果樹栽培面積も激減し、果実生産量も落ち込んだ。

－ 9 －

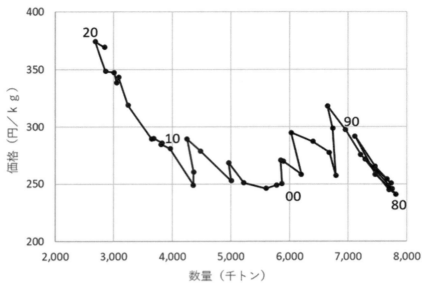

図1　果実の卸売数量と価格の変化

注1）価格は、消費者物価指数でデフレートしている。
　　2）図中の数値は、西暦下2桁で年次を示している。

資料：農林水産省：青果物卸売市場年報

この時期の卸売数量の減少は、国内の果実生産量の後退による供給量の減少によるものであり、その結果として卸売価格は上昇したと考えられる。

　このように第1期、第3期は、卸売数量の減少と価格上昇と連動しており、果実の高品質化も関係しているとは思われるが、卸売数量の減少と引き換えに価格上昇がもたらされたと言える。一方、第2期は、景気動向にも影響されながら、全期間を通じて、価格はほぼ横ばいのままで卸売数量の減少だけが進んだ。この点では、第2期の卸売数量の減少がより深刻な問題であると言える。

　図1は果実全体についてみたものであるが、果実品目別にみても、ほとんどの品目で同様の変化を観察できる。果実全体と同じように、ほとんどの果実品目で、第1期と第3期には卸売数量と価格は連動していたが、第2期にはそれがみられず、卸売数量は減少しながらも、価格上昇はみられなかった。

3．家計調査からみる
　　生鮮果実消費の変化

　卸売市場における数量と価格の変化から、1980年代以降の果実の需給動向は3つの時期に区分できた。次に、3つの時期で果実消費の変化にどのような違いがあったのかを、家計調査からみていく。

　食品消費では、年齢と世代（出生年次）が重要な規定要因とされ、既述のように果実は、加齢とともに消費が増加する食品であり、年齢が高くなるほど、消費量は増加する。図2は世帯主年齢別の世帯員1人当たり生鮮果実購入数量の変化を示したものであるが[3]、常に世帯主年齢が高いほど、購入量は多い。同時に、すべての世帯主年齢で年とともに購入量は減少している。

　しかし、果実購入量減少の大きさも時期別の変化も、世帯主年齢による違いがある。39歳以下では、第1期には大きく減少するが、第2期には減少は緩やかになった。第3期には10kg程度にまで減少しているが、ほぼ横ばいで推移している。40〜59歳では、1980年以降ほぼ一貫して減少し続け、2010年代中ごろ以降は横ばいとなっている。一方、60歳以上では、第2期の途中、2000年頃までは横ばいで推移し、その後は大きく減少している。

　このような世帯主年齢による購入量減少の違いにより、世帯主年齢間での購入量格差は、第1期には拡大したが、第3期には高年齢の世

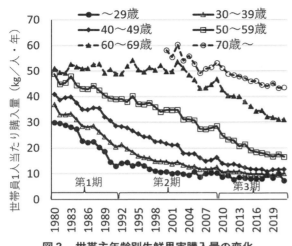

図2　世帯主年齢別生鮮果実購入量の変化

注：1999年までは、60〜69歳は60歳以上の数値である。

資料：家計調査（二人以上の世帯）

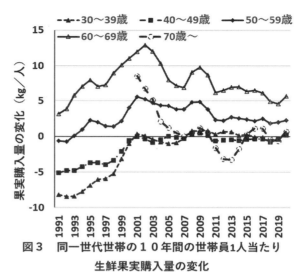

図3　同一世代世帯の１０年間の世帯員1人当たり
生鮮果実購入量の変化

注：年次は期末年次を示しており，年齢も期末年次の
ものである。

資料：家計調査（二人以上の世帯）

帯主世帯で購入量が減少したことで、購入量格差はやや縮小している。第3期には、49歳以下では年間購入量10kg程度に収斂しており、50〜59歳もそれに近づいている。

世帯主年齢ごとに購入量減少の時期が異なるのは、世代による購入量減少の違いが影響していると考えられる。そこで各世帯主年齢層で10年前の一つ下の年齢層と購入量を比較することで、同一世代世帯の購入量の変化を検討する。加齢によって購入量が増加するのであれば、同一世代の世帯である10年前の一つ下の年齢層よりも購入量は大きくなる。図3に結果を示したが、第1期から第2期の中間までの変化に相当する1990年代には、期末時の世帯主年齢30〜49歳で購入量が減少している。すなわち、加齢とともに増加するとみられてきた果実購入量は減少している。特に1990年代初頭の減少量は大きく、1991年の世帯主年齢30〜39歳の減少量は8.2 kgであり、10年前と比べて27.7%も減少している。その後、減少量は小さくなり、2001年には増加に転じている。他の年齢階層でも1990年代には購入量の変化は増加方向に動いている。総じて第1期から第2期初めには、加齢による購入量の増加は弱まっていたが、第2期を通じて、回復方向にあったとみられる。第3期には、49歳までは横ばいで推移し、50歳以上では増加量は第2期と比べると縮

小しているが、横ばいとなっている。

このように、世代により時期ごとの生鮮果実購入量の変化に違いがある。そこで、以下のような大胆な仮定を置いて、出生年次ごとの購入量の変化を試算してみた。各世帯主年齢層の購入量を中間年齢（30〜39歳であれば35歳）の購入量とし、前後の年齢層との間の変化は、年齢とともに直線的に変化するとする[4]。

図4に推計結果を、1930年生から10年置きに示した。第1期には、1950年生、1960年生で購入量を減少させており、1930年生、1940年生の購入量は横ばいであり、加齢による増加はみられない。第1期における全体の購入量の減少は、加齢による増加がなく、若年世代世帯では逆に購入量が減少したことが主因となっている。卸売市場統計では、卸売数量の減少と連動して価格が上昇していた。家計調査でも、すべての世帯主年齢で購入価格は上昇していたが、高齢世帯主世帯では、その中でも購入量は維持されたが、若年世帯主世帯では購入量を減少させており、価格上昇の購入量への影響が大きかったとみられる。

第2期になると、1950年生、1960年生の購入量の減少は止まり、1950年生以上の世代では購入量は増加している。一方、新たに加わった1970年生、1980年生を含め、1960年生以下の

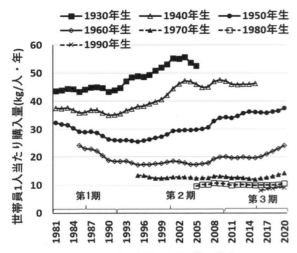

図4　同一世代世帯の生鮮果実購入量の推計
資料：家計調査（二人以上の世帯）

世代では、購入量は横ばいで推移している。第2期には購入価格が横ばいであったが、購入量は増加方向に変化した。

　この図からは、1940年から1950年生世帯主世帯を境として、果実購入量の変化は2つに分化していることがわかる。それより高齢世帯主の世帯では、購入量の変化は、第1期には横ばいで、第2期以降は増加傾向となった。一方、それより若い世帯主の世帯では、第1期に購入量を減少させ、その後は横ばいとなっている。その結果、世帯主年齢による購入量の格差は拡大している。1960年生より若い世帯主の世帯では、第2期以降も加齢による果実購入量の増加がみられないことは注視すべき点である。

1940年代以前の世代は、少年期が高度経済成長前であり、果実消費は少なかった時期で、経済成長により豊かになるのにともなって、果実消費を増やし、果実が豊かさの象徴でもあった世代である。一方、1950年代以降の世代の少年期は、高度経済成長期以降で果実は身近にあり、多様な嗜好品が市場に出回るようになった時期である。このような果実消費をめぐる経験の違いが影響していることが考えられる。

　第2期は、加齢による購入量の増加は大きくはないが、購入量を減少させる世代がなくなり、高齢世代では増加させているにも関わらず、全体の購入量は減少した。その要因を検討するために作成したのが図5である。全体の購入量の変化は、個々の世帯での年次変化の合計、高齢化し退出していく世代の世帯と新たに加わる若年世代の世帯の購入量の差、世代別の世帯構成比の変化が主な要因として挙げられる。加齢による増加があれば、個々の世帯での年次変化は、全体の購入量を増加させ、世代の入れ替わりは購入量を減少させる。世代別世帯構成は高齢世帯の比率が高まっているので、購入量の増加に作用すると考えられる[5]。

　図5は、75歳で推計から外れる年齢と25歳で推計に加わった年齢の購入量の差を世代の入れ替わりによる変化、25歳から75歳までの各年齢の前年からの変化を個々の世帯の変化の合計、実際の変化量と上記2つの数値の合計

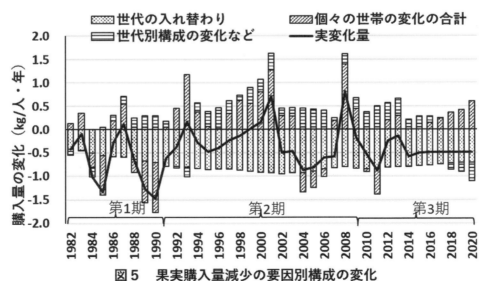

図5　果実購入量減少の要因別構成の変化
資料：家計調査（二人以上の世帯）

との差を世代別世帯構成などによる変化として示している。

第1期には、世代の入れ替わりとともに、若年世帯主世帯で購入量を減少させたため、個々の世帯の変化の合計も減少しており、その結果として購入量の減少が大きくなっている。第2期には、第1期に世代間での購入量の格差が拡大したために、世代の入れ替わりによる購入量の減少は拡大した。一方、各世帯の変化の合計は、高齢世帯主世帯で購入量を増加させたことで、ほとんどの年次で増加となった。世帯構成の変化などもほとんどの年次で増加となっている。総体としては、世代の入れ替えによる減少が大きかったため、ほとんどの年次で全体の購入量は減少した。第2期の消費量の減少の主な要因は世代の入れ替えによるものであり、それは価格上昇と連動した減少ではなく、世代間の消費量格差が拡大した下での世代交代によるものである。その一方で供給も後退しているため、総体として価格は横ばいで推移したと考えられる。

第3期には、果実消費の減少量は同水準で推移している。その主要因は世代の入れ替えである。一方、各世帯の変化の合計による増加に関しては、2010年代前半には前期より縮小し、ほとんどなくなっていたが、近年になると回復している。第3期は、第1期と同じように果実価格が上昇しているが、それによって加齢による消費量の増加がなくなった第1期とは異なる変化を示しており、注目すべき点である。この違いの要因について明確なことは言えないが、背景として、一つには世帯員1人当たり果実年間購入量が10kg程度に収斂してきており、下げ止まりになってきていることが挙げられる。もう一つには、高齢世帯主世帯でも、世帯主は1940年代以降生まれであり、第1期における消費変化の境界よりも下の世代となっていることが挙げられる。

4．現在の果実価格上昇と消費動向

果実、特に生鮮果実の需要は、高度経済成長の終焉以降、長期間、減少し続けいている。本稿では、1980年代以降の生鮮果実の需要量減少は、卸売数量と価格の関係から、バブル経済崩壊とリーマンショックを境として3期に分けられることを示した。第1期と第3期は、卸売数量と価格には明確な負の相関が確認できた。数量の減少は果実生産の後退によるものであるが、供給の減少が価格上昇につながっている。しかし、バブル経済崩壊からリーマンショック後までの第2期は、他の時期と同じように果実供給量は減少しながらも、卸売価格の上昇はみられなかった。果実供給量の縮小と見合うだけの果実需要の減退があったとみることができ、より深刻な状況であった。

3期の違いの背景にある生鮮果実消費の変化を、家計調査の果実購入量から、世帯主年齢に着目して検討した。果実は加齢とともに消費量が増加するとされてきたが、第1期には加齢による購入量の増加はみられなかった。特に1950年代生れ以降の世帯主世帯では、年とともに購入量を減少させていた。その結果、世帯主年齢による果実消費量の格差が拡大した。果実価格の上昇は、消費を抑制したと考えられる。

第2期には、果実価格の上昇は止まり、加齢による消費量の増加も高齢世帯主世帯を中心として回復してきた。しかし、果実購入量の減少は止まっていない。この時期の購入量の減少は、第1期に世帯主年齢による購入量の格差が拡大したため、世代の入れ替わりによる購入量減少が大きかったことが要因となっている。これは、その時点での価格の変化には関わりないものであり、それ以前の価格上昇の影響があとになって顕在化したものである。価格変動は、その商品の消費に影響を与えるが、それは変動した時点のみに変化が現れるとは限らず、その後に変化が現れる場合があることを示している。

第3期にも果実価格は上昇しているが、加齢による購入量の増加は確認でき、第1期のような消費量への影響は、今のところみられない。第3期にも果実購入量は減少しているが、その主要因は第2期と同じように世代の入れ替わりである。果実価格が上昇している中でも、世

帯ごとには購入量の減少がないとみられる背景には、すでに果実購入量が大幅に減少し、下げ止まりの水準に達していることが考えられる。

　世帯の入れ替わりによる果実購入量の減少が続きながら、果実価格が上昇しているのは、それを上回るテンポで国内生産の縮小による果実供給量の縮小が進んでいることを示している。果実価格の上昇は続いており、これまでは世帯ごとでの購入量への影響は小さいが、今後、さらに価格が上昇すると、購入量の縮小につながることが危惧される。第1期と第2期の購入量の変化をみると、果実価格上昇が果実消費に与える影響は一時的なものではなく、その後に影響が顕在化することもある。果実価格の上昇を抑えるための国内生産力の維持回復は、将来的な果実消費を考える上でも重要な課題である

注

1）第2期以降の卸売数量の減少では、生鮮果実の卸売市場経由率の低下にも留意する必要がある。農林水産省の果実担当課の推計では、生鮮果実の卸売市場経由率は、1993年には96%であったが、2009年には68%にまで低下し、さらに2015年には60%となっている。第2期の卸売数量の減少では、卸売市場経由率の低下による部分が大きいことにも留意する必要がある。

2）卸売金額（卸売数量×卸売価格）の年次変化率を被説明変数、経済成長率を説明変数とする単回帰分析を行うと、以下の数式が得られ、1％水準で有意であった。嗜好性の高い果実の需要は、景気動向にも影響されることを示唆している。
卸売金額変化率（%）＝0.822 x 経済成長率（%）　－3.21

3）家計調査においても、1980年以降の世帯員1人当たり生鮮果実購入量と購入価格の年次変化は、卸売市場統計の卸売数量と価格の変化と同じような動きが確認できる。果実消費でも、3期に区分できる。ただし、第2期の数量の減少は、卸売数量に比べて小さく、卸売数量の減少では卸売市場経由率の低下が影響していることを示唆している。

4）以下のような計算式によって推計した。35歳から45歳の年齢であれば、30〜39歳の購入量をA、40〜49歳の購入量をBとし、X歳の購入量は、A×(45-X)/10+B×(X-35)/10とした。推計は25歳から75歳まで行った。

5）家計調査での世帯主年齢構成の変化は、国勢調査での変化以上に高齢世帯主の比率を高めている。そのため、家計調査での購入量の減少は実際より小さいことが考えられる。

Ⅱ．農産物の生産・流通の現状

２．農産物の生産・流通の現状

１．野　菜

千葉県農林総合研究センター　　家壽多　正樹

　主要野菜（31 品目）の全国の作付面積は、1990 年の 647,100ha から、2005 年頃までは年平均２％前後で減少し、それ以降は年 0.6〜１％程度の微減傾向で推移してきたが、2020 年は前年比 2.1％減の 419,800ha となった（表）。

１．品目別の生産動向と流通のポイント

ア）ダイコン

　2020 年までの５年間の比較では、ダイコンは全国作付面積で 9.4％減少して 29,800ha、収穫量では 12.6％減の 1,254 千 t となった。主産県は北海道、千葉県、青森県、鹿児島県で、ここ 10 年ほぼ変動はない。2020 年は７、８月に天候不順で市場への入荷減により高値となったが、秋以降は潤沢な入荷があり、価格低迷で推移した。用途別の需要では、ダイコンは加工・業務用が６割といわれ、刺身のツマやおろし用途に対応したカット加工等が増加している。また近年はコンビニエンスストアのおでん向けの需要が拡大している。これらに対応した産地の取り組み

として鉄製コンテナ出荷なども取り組まれている。

　各作型毎に多くの品種が作付けされており、外観・形状だけでなく、加工・業務の用途により、肉色の白さ、ツマ加工時の張り、煮崩れしにくさなどの特性で選択されている。家計調査によれば１人当たり年間購入量は年々減少し、ここ 10 年近くは 4.5kg であったが、2018 年以降は 4.0kg 程度で推移している。店頭では 1／2 などのカット売りも一般的となっている。

イ）キャベツ

　キャベツは 2012 年以降、作付面積、収穫量でそれぞれ 34,000ha 台、1,400 千 t 強で推移しており、減少傾向が続く野菜の中で、微増している品目である。主産県上位４県で全国の収穫量全体の 52％を占めるが、ここ５年では群馬県、茨城県、鹿児島県の生産が拡大している。

　家庭用・業務用共に基幹的な食材と位置付けられ、周年安定した需要がある。産

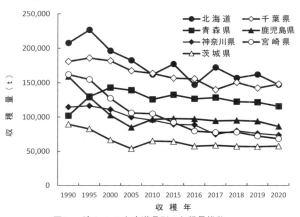

図1　ダイコンの主産道県別の収穫量推移
資料：農林水産省野菜生産出荷統計等から作成、以下の図も同じ

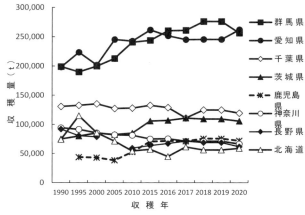

図2　キャベツの主産道県別の収穫量推移

地リレーによって年間を通してキャベツの市場入荷量はほぼ安定しているが、2020年は春先の低温、8月の猛暑などの天候による入荷減や、新型コロナによる業務需要の減退、巣ごもり需要による家庭消費の増大から4、5月及び8月に価格が高騰した。

　加工・業務用向けに大玉生産や、4～5月の端境期における寒玉需要への対応、鉄製コンテナによる省力出荷など産地の取り組みも行われている。国産の豊凶に対応して、中国等から加工・業務用向けの輸入も行われ、近年は年間30千t前後で推移している。2018年は不作の影響で92千tと増加したものの、2019年以降は30千t台に落ち着いている。

ウ）ニンジン

　ニンジンは、家庭用・業務用ともになくてはならない基本食材である。全国作付面積は2005年頃には19,000haで推移してきたが、近年は漸減傾向にあり、2020年には16,800haとなった。東京市場では11～3月及び6月の千葉県、4～5月徳島県、7月青森県、8～11月北海道のシェアが大きい。2020年は7月に入荷減の影響で価格は前年の2倍以上に高騰した。業務向けとして近年は90千t前後の輸入が行われ、2018年は110千tと急増したが、2019年以降は80千t台で推移している。

　近年、播種や収穫の機械化が進み、規模

拡大に取り組む産地では、加工・業務需要に対応した動きや、端境期向けに貯蔵出荷の試みも見られるようになっている。

エ）トマト

　ここ数年作付面積12,000haを維持してきたが、2020年は11,400haと微減傾向にある。収穫量は700千t前後と変化していない。ここ5年の比較では、ミニトマトの生産量が熊本県、北海道及び愛知県で増加しており、全国で2割近く増産の傾向となっている。一方、大玉の作付面積は減少している。

　2020年の東京市場は7月の多雨寡照、8月猛暑の影響により、10月まで価格が高騰した。

　輸入は、生鮮品では近年は7千t前後であったが、2018年以降は9千t前後で推移している。ここ5年は韓国のシェアが高い。加工品も、ピューレや調製品を合計すると250千tに達している。

　販売面では、高糖度や良食味をうたう品種やブランド、中玉タイプや調理用、スタンドパックやカップなど包装形態の多様化、バイキングスタイルでの量り売りなど、数多くのアイテムが棚に並ぶなど活況を呈している。また、これまでにない鍋物やおでんの具材への提案がされるなど、消費拡大の努力も行われている。

　1人当たり年間購入量は、トマトブー

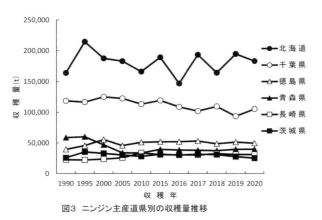

図3　ニンジン主産道県別の収穫量推移

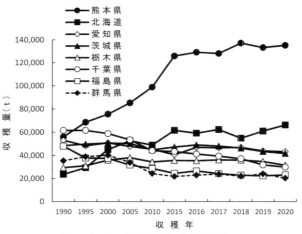

図4　トマトの主産道県別の収穫量推移

ムや機能性話題の影響もあり 2011 年以降増加傾向にあり、ここ 8 年は 4.0kg 前後で推移している。

オ）キュウリ

　キュウリは減少が続く野菜の 1 つで、全国の収穫量は 1980 年をピークに一貫して減少しており、2020 年までの 5 年間に作付面積は 8 ％減少して 10,100ha、収穫量は 540 千 t でほぼ安定している。産地別では、夏秋期の福島県、新潟県で、冬春期の千葉県、茨城県で収穫量減少の一方、群馬県、埼玉県で増産している。2020 年の東京市場では 7 、8 月の天候不順等により野菜全体の入荷不足により、キュウリも 7 ～ 10 月の価格が高く推移した。

　サラダ、漬け物、酢の物、炒め物と幅広く使われる品目ではあるが、ダイコンやハクサイと同様に漬け物消費での減少が大きいと思われる。

　東北 6 県の協働した販促活動の「キュウリビズ」が 2020 年で 13 年を迎え、体を冷やす、夏バテ防止や熱中症対策効果も期待されているが、家計調査によると 1 人当たりの年間購入量はここ数年 2.6kg 前後、金額では 1,100 円前後で推移している。

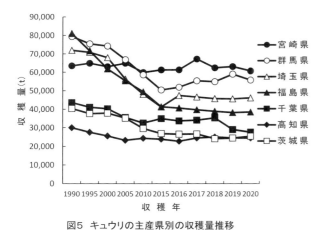

図5　キュウリの主産県別の収穫量推移

カ）ネギ

　ネギは 2004 年以降、作付面積、収穫量ともほぼ維持しており、2020 年で

22,000ha、441 千 t となっている。ここ 5 年では、主産地の埼玉県、千葉県で減少する一方、大分県で漸増している。

　ネギは、加工・業務需要の割合が多く 6 割以上を占めるといわれる。不作の年は輸入が増加するとされ、近年は業務用向けに 55 ～ 60 千 t と増加傾向であったが、2020 年は 52 千 t と減少した。輸入先はほとんどが中国である。

　近年、定植機や収穫機、調製機の開発が進み、これらの導入による経営規模の拡大や組織化、集荷体制、出荷形態の見直しなどによる低コスト化が取り組まれている。家計調査による 1 人当たりの年間購入量はここ数年漸減し 1.5kg となっていたが、2020 年は 1.7kg と増加した。

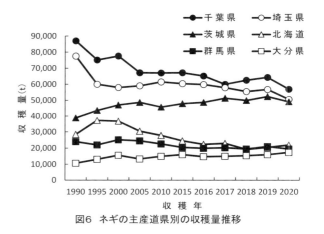

図6　ネギの主産道県別の収穫量推移

キ）スイートコーン

　スイートコーンの全国作付面積はここ 10 年 25,000 ha 近くで推移してきたが、漸減し、2020 年は 22,400ha となった。主産県 1 位である北海道のシェアは 41 ％で、2016 年の不作からの回復が見られ、それに続く千葉県、長野県、茨城県では面積、収穫量は大きくは変化していない。

　例年、東京市場では 5 月に宮崎県産、6 月から 7 月には千葉県、茨城県、群馬県、8 月に北海道産が急増し、9 月にほぼ収束するという季節感の非常に明確な品目である。東京市場での 5 ～ 9 月の価格は作柄、入荷量に左右されず、年次変動は小

さい。近年は、高糖度品種が増加し、主流は黄色のスーパースイート種で、'ゴールドラッシュ'や'味来'など品種名がブランド化している他、バイカラー種やホワイト種など多彩な品種が出荷されている。

生鮮品は国産が中心だが、缶詰（調製品）及び冷凍品で近年は 110 千 t 前後の輸入がある。

は、品種だけでなく、生育経過、貯蔵条件やその期間によっても影響される。産地から消費者や量販店に対し、粉質や粘質など食味の違いの説明や、好みに合わせた商品提案だけでなく、焼き芋需要に適した品質管理が必要になると思われる。

近年輸出が増加しており、2020 年は前年比 21％増の 5,268 t となっている。

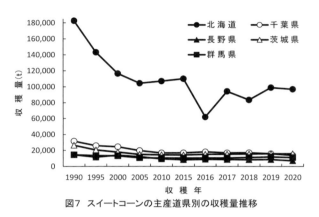

図7 スイートコーンの主産道県別の収穫量推移

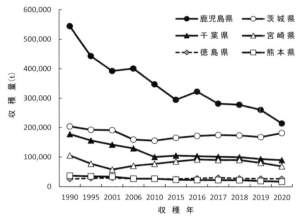

図8 かんしょの主産県別の収穫量推移

ク）かんしょ

全国作付面積は 1990 年には 60,600ha であったが、2006 年に 40,800ha まで減少した後は微減傾向である。ここ 5 年の比較では、2020 年の面積は約 10％減の 33,100ha、収穫量は 15％減の 688 千 t であり、主産地のうち茨城県だけが増産している。九州産地ではサツマイモ基腐病による収穫量の減少があり、対策に取り組んでいる。

近年、量販店などに焼き芋機が普及し、通年で手軽に購入できるようになったこと、'べにはるか'や'シルクスイート'など、しっとり、ねっとり系の品種が定着し、消費者も品種で選択するようになったことから、周年での焼き芋需要が増加している。

1 人当たりの年間購入量は 2013 年の 1.0kg から漸減し、2020 年は 909g となった。一方、同じ期間の比較で支出額は 311 円から 392 円と上昇している。

かんしょは収穫直後だけでなく、年明け以降も継続して貯蔵出荷される。品質

ケ）ブロッコリー

ブロッコリーは、右肩上がりで作付が増加している数少ない野菜である。1990 年からは 1.9 倍、直近の 5 年で 14％増加し、2020 年の作付面積は 16,600ha である。主産県 1 位の北海道はこれまで夏秋作を拡大しており、2016 年、2018 年の天候不順を乗り越え、5 年前と比較して 21％増の収穫量となった。香川県、長野県、徳島県でも増加している。ブロッコリーは比較的栽培が容易であることから転作等にも導入されている。また、緑黄色野菜として、ビタミンやミネラルなどの栄養素が多いことがよく知られており、料理の応用範囲が広いことなどから需要が増えている。家計調査でも 1 人当たり購入量は増加しており、2020 年には 1.6kg を上回っている。

2000 年に 80 千 t 近くあった生鮮の輸入は、消費者の国産嗜好や増産、業務用向けの産地の取り組みなどにより年々減少し、2020 年では 7 千 t にとどまった。な

お、冷凍品輸入は増加傾向にあり 2020 年には 58 千 t であった。

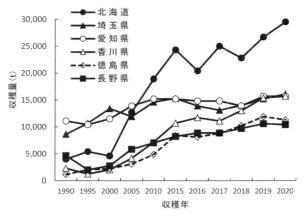

図9 ブロッコリーの主産道県別の収穫量推移

コ）エダマメ

エダマメの全国作付面積は 1995 年頃から 13,000ha 前後で安定しており、2020 年で 12,800ha、収穫量は 2020 年で 66,300 t である。東京市場の入荷を見ると、5 ～ 7 月千葉県・埼玉県、6 ～ 9 月群馬県、8 月新潟県、8 ～ 9 月秋田県・山形県と時期により産地が交代する季節性の高い商材である。主産県の動向では、長くトップの座にあった千葉県で減少傾向が続き、増産に取り組む群馬県、北海道が 2020 年に収穫量で他を引き離して 1、2 位となった。近年、食味重視の品種として晩生の茶豆系統や在来系統、新品種などでブランド化する動きも活発である。

鮮度が食味を左右する品目であり、荷

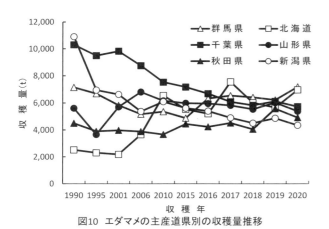

図10 エダマメの主産道県別の収穫量推移

姿はもぎ莢のフィルム包装が主流になり、鮮度保持効果のある資材の導入や保冷での流通も一般的になっている。

国内供給量のほぼ半分を輸入で占めており、台湾、タイ、中国からの冷凍ものの輸入量は増加で推移してきたが、2020 年はやや減少し 71 千 t にとどまった。1 人当たりの年間購入量は 0.6kg 前後である。

サ）ホウレンソウ

ホウレンソウは緑黄色野菜として、ビタミン類や鉄分が豊富であるなど健康的なイメージの強い野菜であるが、下ゆでなど調理に手間がかかるせいか消費は減少傾向で、作付面積は 1988 年頃をピークに緩やかに減少している。過去 5 年で全国作付面積は 2 ％減少して 2020 年は 19,600ha となった。主産県の収穫量の推移をみると、千葉県での減少が大きく、群馬県では増加傾向にある。2020 年の東京市場では 7 月の多雨や 8 月の猛暑によって品薄となり、7 ～ 10 月に、高値で推移した。冷凍品の輸入が年々増加し、2020 年は主に中国から 48 千 t に達している。1 人当たりの年間購入量は 2014 年の 1.1kg から漸減し、2020 年は 1,013g となった。

近年、アク抜きの不要なサラダ用や、寒さに当てる「寒締め」で食味を向上させる栽培など特徴あるものも広く出回るようになっている。また、加工・業務用のニーズに対応し、40cm サイズの大型規格での契約出荷を行う産地の取り組みが増加し

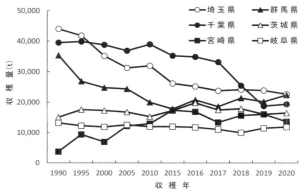

図11 ホウレンソウの主産県別の収穫量推移

ている他、生産者団体自身が加工処理施設を運営する事例や機械開発への取り組みも見られる。

シ）スイカ

1990年から2020年までに面積で58%減少し、ここ5年でも10%減少している。主産県上位2県の熊本県では2005年、千葉県では2008年頃までにほぼ半減し、その後も微減が続いている。他県では2010年以降は下げ止まりの感がある。

5～8月の季節果物で、東京市場では4～5月は熊本県、6月には千葉県、茨城県、7月には山形県、新潟県、神奈川県、長野県が入荷、8月には東北産地中心となる。

家計調査によると年間1人当たりの購入量は1990年頃の2.2kgから2020年で1.0kgへ半減している。このような消費量の減少は、大きな果実は食べきれないことや生ゴミ処理が敬遠されることなどが理由の一つとされている。

家庭用では大玉のカット売りと小玉スイカとの棲み分けが更に進むと予想され、量販店では手軽な容器入りのブロック、ダイス、スティックなどや取っ手付きスタンドパックなどのカット販売が増加している。近年、種子が少ない、種子まで食べられる品種も開発され、従来の種なし

品種に比較して甘味が強いことから注目されている。

ス）メロン

メロンは1990年と比べ2020年では作付面積が65%減の6,410haになっており、減少の止まらない品目である。最近5年間の収穫量を比較すると、主産県トップの茨城県で10%、北海道、山形県で14～16%減少している。

年間1人当たりの購入量は1990年頃の1.3kgから半減し578gまで低下している。景気低迷や贈答需要の減退、切り分けて食べる果実が敬遠されることが要因としてあげられる。それ以外に、消費者に対する意識調査では、メロンは食べごろがわかりにくいことなどから購入を控えるとの意見も多い。糖度情報の提供、熟度の見分け方や食べ頃シールなどの店頭POP、ブロックやフラワーカットでの販売などの努力はされているが、消費者へ訴求できる食べごろについての信頼性のある情報提供や手軽な商品形態への対応が更に必要であると考えられる。主流はネット型緑肉系の品種だが、赤肉系や各県オリジナルの品種も登場している。

生鮮品の輸入は近年減少傾向であるがオーストラリアやメキシコから21千tある一方、輸出は少ないものの主に香港向けに年々増加し、2020年には940tとなっている。

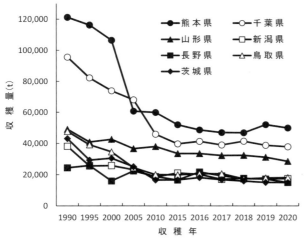

図12 スイカの主産県別の収穫量推移

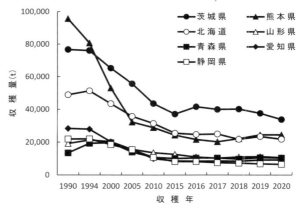

図13 メロンの主産道県別の収穫量推移

セ）イチゴ

　1990 年には 10,200ha あった全国作付面積は、2020 年に 5,020ha まで減少した。その割には主産県の収穫量は減少していない。家計調査によれば年間 1 人当たり購入量は 1990 年頃の 1.2kg から 764g と 4 割近く減少しているが、果実的野菜の中では比較的消費減退が小さい。広い年齢層が好む外観の可愛らしさや甘酸っぱさ、ビタミンＣを始めとした健康イメージ、少量でも気軽に食べられる簡便さ、加工や製菓用途の広さなどから、東京市場での果実類の金額シェアはトップである。12〜5 月に国内産が入荷され、栃木県を中心とした 'とちおとめ' で 50％、福岡県の 'あまおう' で 14％を占めるが、各県独自品種をブランド化する動きも活発であり、多様化やオリジナル性のある商品展開となっている。

　6 〜 11 月に、業務用として国産の夏秋イチゴの取り組みもあるが、米国産を中心に生鮮品 3,000t 程度、中国や米国から冷凍で 25 千ｔの輸入がある。一方、政府の輸出力強化戦略や輸送用資材の開発により、2013 年頃から輸出量が年々増加し、2020 年は 1,179 ｔに達した。

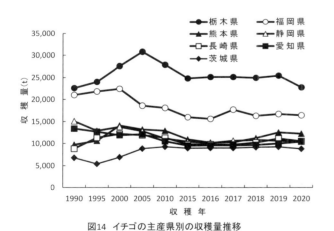

図14　イチゴの主産県別の収穫量推移

参考資料

・農林水産省ホームページ　組織・政策 ＞ 統計情報
　https://www.maff.go.jp/j/tokei/index.html

・独立行政法人農畜産業振興機構ホームページ
　野菜情報総合把握システム（ベジ探）
　https://vegetan.alic.go.jp/

・農業経営者（（株）農業技術新聞社発行）
　今年の市場相場を読む（小林彰一氏著）

・東京都中央卸売市場ホームページ
　市場取引情報 ＞ 市場統計情報
　https://www.shijou.metro.tokyo.lg.jp/torihiki/geppo/

・東京青果株式会社ホームページ
　営業情報 ＞ トピックス一覧 ＞ 2020 年の動き＜野菜編＞
　https://www.tokyo-seika.co.jp/index.html

表　　　　野菜の品目別作付面積の推移

（単位：1,000ha）

	平成2年 1990	7年 1995	12年 2000	17年 2005	22年 2010	27年 2015	28年 2016	29年 2017	30年 2018	令和1年 2019	令和2年 2020
は　く　さ　い	28.7	25.7	22.7	19.8	18.3	17.6	17.3	17.2	17.0	16.7	16.6
キ　ャ　ベ　ツ	40.4	39.3	36.9	33.5	33.3	34.7	34.6	34.8	34.6	34.6	34.0
ほ　う　れ　ん　そ　う	27.3	27.0	25.2	23.7	22.1	21.0	21.0	20.5	20.3	19.9	19.6
ね　　　　　　ぎ	24.1	24.5	25.1	23.1	23.1	22.8	22.6	22.6	22.4	22.4	22.0
た　ま　ね　ぎ	29.0	27.0	26.9	23.0	24.0	25.7	25.8	25.6	26.2	25.9	25.5
レ　タ　ス	22.4	22.2	21.7	21.5	20.9	21.5	21.6	21.8	21.7	21.2	20.7
セ　ル　リ　ー	0.9	0.8	0.7	0.7	0.6	0.6	0.6	0.6	0.6	0.6	0.5
カ　リ　フ　ラ　ワ　ー	2.6	2.1	1.7	1.4	1.3	1.3	1.2	1.2	1.2	1.2	1.2
ブ　ロ　ッ　コ　リ　ー	8.8	8.2	8.2	10.7	13.4	14.5	14.6	14.9	15.4	16.0	16.6
な　　　　　　す	17.2	14.5	13.3	11.4	10.3	9.4	9.3	9.2	9.0	8.7	8.4
ト　マ　ト	14.2	13.7	13.6	13.0	12.3	12.1	12.1	12.0	11.8	11.6	11.4
き　ゅ　う　り	20.2	17.4	15.2	13.4	12.1	11.0	10.9	10.8	10.6	10.3	10.1
か　ぼ　ち　ゃ	18.5	16.4	17.7	16.9	18.0	16.1	16.0	15.8	15.2	15.3	14.8
さ　や　え　ん　ど　う	8.5	6.8	5.5	4.7	4.1	3.0	3.1	3.1	2.9	2.9	2.8
え　だ　ま　め	14.0	12.8	12.7	13.0	13.2	12.5	12.8	12.9	12.8	13.0	12.8
さ　や　い　ん　げ　ん	11.8	9.9	8.7	7.4	6.8	5.8	5.7	5.6	5.3	5.2	5.0
ス　イ　ー　ト　コ　ー　ン	39.2	33.3	29.2	25.9	25.3	24.1	24.0	22.7	23.1	23.0	22.4
ピ　ー　マ　ン	4.6	4.4	4.1	3.6	3.4	3.3	3.3	3.3	3.2	3.2	3.2
い　ち　ご	10.2	8.3	7.5	6.9	6.2	5.5	5.4	5.3	5.2	5.1	5.0
す　い　か	22.5	19.1	16.9	13.4	11.7	10.6	10.4	10.2	10.0	9.6	9.4
メ　ロ　ン	18.1	16.5	13.8	10.4	8.6	7.1	7.0	6.8	6.6	6.4	6.3
露　地　メ　ロ　ン	16.7	15.1	－	－	－	－	－	－	－	－	－
温　室　メ　ロ　ン	1.4	1.4	－	－	－	－	－	－	－	－	－
ダ　イ　コ　ン	60.9	53.3	45.7	39.1	35.7	32.9	32.3	32.0	31.4	30.9	29.8
か　　　　　　ぶ	7.5	6.9	6.5	5.5	5.0	4.6	4.5	4.4	4.3	4.2	4.2
に　ん　じ　ん	23.5	24.5	22.3	19.0	19.0	18.1	17.8	17.9	17.2	17.0	16.8
ご　ぼ　う	14.8	12.8	10.7	8.8	8.8	8.0	8.0	8.0	7.7	7.5	7.3
れ　ん　こ　ん	5.9	5.4	4.7	4.2	4.0	4.0	3.9	4.0	4.0	3.9	3.9
さ　と　い　も	26.0	22.4	18.8	15.0	13.8	12.5	12.2	12.0	11.5	11.1	10.7
や　ま　の　い　も	9.5	8.7	8.9	8.8	7.6	7.3	7.1	7.2	7.1	7.1	6.9
ば　れ　い　し　ょ	115.8	104.4	94.6	86.9	82.5	77.4	77.2	77.2	76.5	74.4	71.9
か　ん　し　ょ	60.6	49.4	43.4	40.8	39.7	36.6	36.0	35.6	35.7	34.3	33.1
31品目合計 （かんしょを除く）	647.1	588.3	539.4	484.6	465.4	444.7	442.2	439.3	434.8	428.9	419.8

資料：農林水産省統計情報部「野菜生産出荷統計」、「作物統計」

2. 果　　樹

農産物流通技術研究会　会長　　**長谷川美典**

1. 2021年の日本の気象概要

2021年（令和3年）の日本の天候の特徴は以下のとおりである。

年間を通して気温の高い状態になることが多く、年平均気温は全国的に高く、北・西日本ではかなり高くなった。

2020年12月から1月中旬にかけて、強い寒気が南下したため、日本海側ではしばしば大雪となった。日本海側の19地点で記録を更新するなど、大雪が続き、交通障害も発生した。冬の降雪量は、西日本日本海側でかなり多く、東日本日本海側で多くなった。

8月中旬は、前線が本州付近に停滞したため、東・西日本では各地で長期間にわたって大雨となり、68地点で72時間降水量の多い記録を更新した。月降水量は西日本日本海側で平年比371％、西日本太平洋側で平年比297％といずれも8月として最も多い記録を更新した（統計開始は1946年）。

2. 主要な果実の生産状況
1）ウンシュウミカン

結果樹面積は37,000haで、前年産に比べて800ha（2％）減少した。収穫量は749,000t、出荷量は676,900tで、2019年産に比べて、収穫量はほぼ同量で、出荷量は2019年と比べると8,500t（1％）増加した。2020年は裏年に当たり、収穫・出荷量は前年に比べると減少した。

主要な生産県は、和歌山（20％）、愛媛（17％）、静岡（13％）、熊本（12％）、長崎（7％）でこれら5県で全国の約7割を占めている。

ハウスミカンが5月ころから販売され（出荷量、約17,500t）、その後の早生温州（出荷量、約402,900t）に続き、12月に収穫した普通温州（約274,000t）が販売され、普通温州は貯蔵され4月頃まで連続して販売され、ほぼ周年供給されている。ハウスミカンは佐賀、愛知、大分、早生温州は和歌山、愛媛、熊本、普通温州は静岡、和歌山、愛媛などで生産されている。

主要な品種は「宮川早生」「青島温州」「興津早生」「日南1号」「南柑20号」で、この5品種で約5割を占めている。

ウンシュウミカンに含まれる主な栄養成分としては、可食部100g中に、ビタミンA（84μg）、ビタミンB1（0.1mg）、ビタミンC（32mg）、ビタミンE（0.4mg）食物繊維（1g）などである。

ウンシュウミカンはビタミンA、B、C、Eが豊富なので、肌荒れや風邪予防に効果的である。また便秘改善の作用がある食物繊維も多く含まれている。さらに袋や白いスジには、フラボノイドの一種であるヘスペリジンが含まれていて、高血圧や動脈硬化を予防する効果があると言われている。

カロテノイドの一種であるβ-クリプトキサンチンは体内でビタミンAとして働き、視力、皮膚、肝臓などを保持してくれる。また、β-クリプトキサンチンは発がん抑制作用や老化抑制にも期待されている。β-クリプトキサンチンは2015年に骨粗しょう症のリスク軽減が期待できることから、機能性表示食品として登録されている。

2）その他のカンキツ類（2019年産のデータ）

その他のカンキツ類では、主要果樹品目と比べ、データの公表が2年遅れであり、2019年産のデータが最新であるが、「不知火（デコポン）」が40,500t（前年比−4,100t）でトップとなっている。主要な生産県は、熊本、愛媛、和歌山である。

ついで、夏ミカン（甘夏を含む）32,100t

（－600ｔ；鹿児島、熊本、愛媛）、イヨカン 28,100ｔ（－2,000ｔ；愛媛、佐賀、和歌山）、ハッサク 26,500ｔ（－1,700ｔ；和歌山、広島、愛媛）、ユズ 23,200ｔ（＋1,200ｔ；高知、愛媛、徳島）、ポンカン 19,400ｔ（－2,100ｔ；愛媛、高知、鹿児島）、「清見」13,400ｔ（－1,300ｔ；愛媛、和歌山、佐賀）、ブンタン 11,700ｔ（－1,100ｔ；高知、愛媛、鹿児島）、「河内晩柑」11,600ｔ（＋900ｔ；愛媛、熊本、高知）、レモン 10,400ｔ（＋3,300ｔ；広島、愛媛、和歌山）、「肥の豊」7,500ｔ（熊本）、日向夏 5,900ｔ（宮崎、高知、静岡）、カボス 5,900ｔ（大分、福岡、埼玉）、「せとか」5,500ｔ（愛媛、佐賀、和歌山）、「はるみ」5,400ｔ（広島、愛媛、和歌山）、スダチ 4,200ｔ（徳島、高知、愛媛）、「愛媛果試第 28 号（紅まどんな）」4,100ｔ（愛媛）、キンカン 4,000ｔ（宮崎、鹿児島、熊本）、ネーブルオレンジ 3,900ｔ（広島、和歌山、熊本）、などとなっている。

「　」が着いているのは品種名、「　」のないのは一般名である。

3）リンゴ

結果樹面積は35,300haで、前年に比べ、500ha（1％）減少した。収穫量は661,900ｔ、出荷量は599,500ｔで、前年産に比べ、それぞれ101,400ｔ（13％）、91,000ｔ（13％）の減少となった。

これは青森において、生育期間中の少雨により果実肥大が抑制されたことに加え、長野において4月の凍霜害により着果数が減少したことによるものである。

主要な生産県は、青森（63％）で、次いで、長野（17％）、岩手（6％）、山形（5％）となっており、この4県で約9割の生産となっている。

主要な品種は「ふじ」（51％）、「つがる」（11％）、「王林」（7％）、「ジョナゴールド」（7％）で、この4品種で全体の75％を占めている。

晩生の「ふじ」や「王林」はCA（Controlled Atmosphere）貯蔵され、翌年の夏まで販売され、リンゴ全体では、ほぼ周年供給されている。

リンゴの主な栄養成分としては、食物繊維（1.5g）、カリウム（110mg）などがある。

リンゴに多く含まれている水溶性食物繊維のペクチンが消化を促進させ、便秘や下痢に良いと言われている。さらに、リンゴに含まれるポリフェノールには抗酸化作用があり、高血圧やがん予防、老化抑制に期待できる。

リンゴ由来のプロシアニジンが内臓脂肪を低減すると言うことで、2018年に「プライムアップルふじ」が、2019年に「プライムアップル王林」が機能性表示食品として、JAつがる弘前より登録されている。

4）日本ナシ

結果樹面積は10,300haで、前年産に比べて400ha（4％）減少した。収穫量は184,700ｔ、出荷量は172,700ｔで、前年に比べ、それぞれ14,200ｔ（8％）、14,200ｔ（9％）の増加となった。これは、茨城、栃木、千葉において概ね天候に恵まれ、生育が良好であり、生産量の増加が大きかった。

主要な生産県は千葉（11％）、茨城（10％）、栃木（9％）、長野（6％）、福島（6％）となっており、5県で全国の約4割を占めている。

日本ナシでは、早生の「幸水」、中生の「豊水」、晩生の「新高」で、生産量の約75％を占めており、他に、「あきづき」、「二十世紀」、「南水」、「新興」などが栽培されている。

日本ナシの主な栄養成分には、食物繊維（0.9g）、ソルビトール（0.8g）、カリウム（140mg）などがある。

日本ナシは水分と食物繊維が比較的多く、また、便をやわらかくする糖アルコールの一種ソルビトールを含んでいるので便秘予防に

効果がある。また、カリウムは高血圧予防に効果がある。東洋医学では日本ナシの絞り汁に咳止めの効果があると言われている。

5）ブドウ

結果樹面積は16,500haで、前年産並みとなった。収穫量は165,100ｔ、出荷量は153,900ｔで、前年に比べ、それぞれ1,700ｔ（１％）、1,800ｔ（１％）増加した。

主要な生産県は、山梨（25％）、長野（17％）、岡山（９％）、山形（９％）、福岡（４％）で、この５県で全体の６割を生産している。

主要な品種は、「巨峰」、「デラウエア」、「ピオーネ」、「シャインマスカット」が多く、この４品種でほぼ７割を占めている。他に、「甲州」、「キャンベルアーリー」、「ナイアガラ」などがある。

ブドウの主な栄養成分としては、カリウム（130mg）がある。

飽和脂肪酸を多く摂るフランス人に冠動脈疾患が少ないと言う「フレンチパラドックス」の理由に、赤ワインが関係していると言われている。ブドウの皮には、アントシアニンが多く含まれる。アントシアニンはポリフェノールの一種で、悪玉コレステロールの発生を防ぐ働きがあるといわれている。そのため、動脈硬化の予防に期待ができる。また、レスベラトロールというポリフェノールには、発がん抑制効果があると言われている。

6）カキ

結果樹面積は18,100haで前年産に比べて400ha（２％）減少した。収穫量は187,900ｔ、出荷量は162,300ｔで、前年産に比べて、それぞれ、5,300ｔ（３％）、3,600ｔ（２％）減少した。

主要な生産県は和歌山（21％）、奈良（15％）、福岡（８％）、岐阜（７％）、長野（５％）の５県で約６割の生産となっている。他に、愛知（５％）、新潟（４％）、

愛媛（４％）での生産もある。

品種は、「富有」（「松本早生富有」も含め）、「平核無」、「刀根早生」の生産が多く、全体の６割となっている。他に「甲州百目」、「次郎」、「市田柿」、「太秋」などがある。

カキは干し柿としての利用も多く、「市田柿」5,800ｔ、「甲州百目」4,400ｔ、「平核無」1,900ｔ、「刀根早生」1,300ｔなど、17,000ｔが、加工仕向けとなっている。他に、「三社」、「大和百目」、「愛宕」、「四つ溝」なども干し柿として利用されている。主な生産県は、福島、長野、和歌山、愛媛などである。

カキの主な栄養成分には、ビタミンＣ（70mg）、ビタミンＡ（420mcg）、カリウム（170mg）などが含まれる。

カキに含まれるビタミンＣは多く、風邪予防や美肌効果に期待できる。また柿のオレンジ色には、抗酸化作用のあるβ-カロテンのほか、β-クリプトキサンチンが多く含まれており、ウンシュウミカン同様、発がん抑制や骨粗しょう症予防など生活習慣病の予防効果があると言われている。

渋み成分のタンニンにはアルコールを分解する作用があり、酸化還元作用のあるビタミンＣとの相乗効果で二日酔いにも効果がある。

7）クリ

結果樹面積は16,800haで、前年産に比べて600ha（３％）減少した。収穫量は15,700ｔ、出荷量は12,800ｔで、前年産に比べて、それぞれ1,200ｔ（７％）、800ｔ（６％）減少した。

主要な生産県は、茨城（24％）、熊本（14％）、愛媛（８％）、岐阜（４％）、埼玉（４％）で、この５県で全体の５割を超えている。

品種は、「筑波」、「銀寄（ぎんよせ）」、「丹沢」、「利平（りへい）ぐり」、「石鎚（いしづち）」が主なもので、これらで７割

強を占めている。日本グリで初めて渋皮の剝ける「ぽろたん」（2％）も生産が伸びてきた。

クリの主な栄養成分には、カリウム（420mg）、葉酸（74mcg）、食物繊維（4.2g）、ビタミンC（33mg）、ビタミンB1（0.21mg）、ビタミンB2（0.07mg）、ビタミンB6（0.27mg）などがある。

クリにはカリウムが豊富に含まれているので、高血圧や動脈硬化などの予防に効果が期待できる。また造血作用のある葉酸も含まれていて、貧血予防や葉酸を多く必要とする妊婦にも最適である。

疲労回復に役立つビタミンB1、細胞の成長を促進し老化抑制によいとされるビタミンB2、アミノ酸の合成や代謝に必要なビタミンB6なども豊富に含まれている。

8）西洋ナシ

結果樹面積は1,400haで、前年産と比べ20ha（1％）減少した。収穫量は21,500t、出荷量は18,900tで、前年産に比べて、それぞれ6,200t（22％）、5,600t（23％）減少した。

これは山形において冬季の雪害と4月の凍霜害により着果数が減少したことに加え、夏季の少雨により果実の肥大が抑制されたことによるものである。

主な生産県は山形（65％）、新潟（8％）、青森（8％）、長野（6％）となっている。

代表的な品種は、「ラ・フランス」が6割以上を占め、次いで「ルレクチェ」、、「ゼネラル・レクラーク」「バートレット」、「オーロラ」などがある。

西洋ナシの主な栄養成分としては、食物繊維（1.9g）、カリウム（140mg）がある。

日本ナシと同様、水分と食物繊維が比較的多いので便秘改善に、カリウムは高血圧予防に効果がある。

9）スモモ

結果樹面積は2,680haで、前年比50ha（2％）の減であった。収穫量は18,800t、出荷量は17,000tで、前年産に比べて、それぞれ1,700t（14％）、2,200t（15％）増加した。これは山形において開花期の天候に恵まれ、着果量が増加したことによるものである。

主要な生産県は、山梨（36％）、長野（14％）、和歌山（11％）、山形（9％）、青森（5％）で、5県で7割を占めている。

主要な品種は、早生の「大石早生すもも」、中生の「ソルダム」、晩生の「太陽」で約6割の生産となっている。他に「秋姫」、「貴陽」などがある。

スモモの主な栄養成分には、葉酸（37mcg）、カリウム（150mg）がある。

スモモには葉酸が比較的多いので、貧血に悩む人や妊娠した女性にお薦めである。ナトリウムを排出するカリウムも含まれていて高血圧予防にも期待できる。また、眼精疲労を回復するといわれているアントシアニンが多く含まれている。

10）モモ

結果樹面積は9,300haで、前年産並みであった。収穫量は107,300t、出荷量は99,600tで、前年産に比べて、それぞれ8,400t（8％）、8,300t（9％）増加した。これは山梨において開花期の天候に恵まれ、着果量が増加したことによるものである。

主要な生産県は、山梨（32％）、福島（23％）、長野（10％）、山形（8％）、和歌山（7％）で、この5県で8割の生産をしている。

主要な品種は、「あかつき」、「白鳳」、「川中島白桃」、「日川白鳳」があり、他に「なつっこ」、「清水白桃」、「まどか」などがある。

モモの主な栄養成分には、食物繊維（1.3g）、カリウム（180mg）、ナイアシ

ン（0.6mg）などがある。

モモの食物繊維には整腸作用のあるペクチンが豊富なので、便秘改善に効果が期待できる。カリウムは血圧を下げる作用があるので高血圧予防としても有効である。また、冷え性や二日酔いによいとされるナイアシンも比較的多く含まれている。

11）ウメ

結果樹面積は 13,800ha で、 300ha（２％）の減となった。収穫量は104,600ｔ、出荷量は93,200ｔで、前年産に比べて、それぞれ 33,500ｔ（47％）、 31,000ｔ（50％）と大幅な増加となった。これは和歌山で開花期の天候に恵まれ、受精良好となり、着果量が増加し、作柄の悪かった昨年産を大幅に上回ったことによるものである。

主要な生産県は、和歌山（65％）が全体の６割以上を占めている。他に、群馬、三重、神奈川、山梨、奈良などでの生産がある。

品種は、「南高」が５割以上を占め、他に「白加賀」、「小粒南高」、「紅サシ」、「竜峡小梅」の生産が続く。他に「古城」、「鶯宿」などがある。

ウメの主な栄養成分には、カリウム（240mg：生梅／440mg：梅干し）、β-カロテン（240mcg：生梅／83mcg：梅干し）などが含まれている。

熟したウメはクエン酸やリンゴ酸を含んでいるので、疲労回復に効果がある。特に梅干しには高濃度のクエン酸が含まれている。

12）オウトウ

結果樹面積は4,260haで、前年に比べ60ha（１％）減少した。収穫量は13,100ｔ、出荷量は11,800ｔで、前年に比べて、4,100ｔ（24％）、3,600ｔ（23％）の減少となった。これは山形において４月の低温や降霜により雌しべの枯死が発生したことや開花期の天候不順により着果数が少なくなったことによるものである。

主要な生産県は、山形が全国の約７割を占め、他に北海道、山梨などで生産されている。

品種は、「佐藤錦」が６割を占め、「紅秀峰」、「高砂」、「紅さやか」、「ナポレオン」が次いでいる。

オウトウの主な栄養成分には、カリウム（210mg）、葉酸（38mcg）などがある。

オウトウはカリウムの含有量が比較的多く、高血圧や動脈硬化予防が期待できる。また、葉酸が比較的多く貧血予防にも効果的である。

13）ビワ

結果樹面積は950haで、前年産に比べて100ha（10％）減少した。収穫量は2,89ｔ、出荷量は2,380ｔで、前年産に比べてそれぞれ240ｔ（９％）、210ｔ（10％）増加した。

主要な生産県は長崎（30％）、千葉（15％）、香川（８％）、鹿児島（7%）、愛媛（６％）で、この５県で全体の７割を生産している。

主な品種は「茂木」が４割程度で、「長崎早生」、「田中」、「大房」、「なつたより」が続いている。

ビワの主な栄養成分にはβ-カロテン（810meg）、カリウム（160mg）がある。

ビワはβ-カロテンやβ-クリプトキサンチンが多く含まれ、これらは体内でビタミンAに変換され、皮膚や粘膜、消化器官などを正常に保つ働きがある。高血圧の予防をはじめ、がん予防やアンチエイジングにも効果があると言われている。また、ビワにはポリフェノールの一種であるクロロゲン酸も含まれており、抗酸化効果があると期待されている。

ビワは古くから果実だけでなく葉も薬として利用されていた。ビワの葉には、タンニンが含まれ、咳止めやがん予防に効果があると言われている。

14）キウイフルーツ

結果樹面積は1,880haで、前年に比べ20ha（１％）減少した。収穫量は19,700ｔ、出

荷量は17,400 t で、前年産に比べ、それぞれ2,800 t（12%）、2,500 t（13%）減少した。

これは主産県である、愛媛、和歌山で、開花期に降雨が続いたことにより、花腐細菌病が多発し、着果数が減少したことによるものである。

主要な生産県は福岡（20%）、愛媛（17%）、和歌山（12%）、神奈川（6%）、群馬（5%）で、これら5県で6割を占めている。

主な品種は「ヘイワード」で、全体の7割以上を占め、他に「ホート16A（ゼスプリゴールド）」、「香緑」、「甘うぃ」などが生産されている。

キウイフルーツの主な栄養成分には、ビタミンC（69mg）、カリウム（290mg）、食物繊維（2.5g）などがある。

キウイフルーツはビタミンCが多いので風邪予防に効果的である。カリウムも多く含んでいるので高血圧や動脈硬化の予防効果が期待できる。食物繊維も多く含むので便秘改善にも有効である。

キウイフルーツに含まれているアクチニジンは、肉をやわらかくするタンパク質分解酵素で、消化を促進する効果がある。

15）パインアップル

パインアップルの生産は、ほとんど沖縄県に限られており、栽培面積は308haで、前年産に比べ12ha（4%）減少した。収穫量は6,990 t、出荷量6,750 t で、前年産に比べて、400 t（5%）、460 t（6%）減少した。

生食向けが4,63 t（69%）、加工向けが2,120 t（31%）となっている。

主な品種は缶詰用としても生果としても出荷できる「N67-10」が5割以上を占めているが、近年、生食専用の「ボゴール」、「ソフトタッチ」、「ゴールドバレル」などの高品質な品種が増えてきている。

パインアップルの主な栄養成分には、カリウム（150mg）、マンガン（0.76mg）、ビタミンB1（0.08mg）などがある。

パインアップルの果汁にはブロメラインというタンパク質分解酵素が含まれており、肉をやわらかくする効果があり、肉と一緒に食べることで消化を促進する。

16）その他の果樹

その他の果樹では、統計が 2019 年までのものしか得られていないが、イチジク 11,600 t（対前年−300 t；和歌山、愛知、兵庫）、マンゴー 3,500 t（±0；沖縄、宮崎、鹿児島）、プルーン 2,100 t（−500 t；長野、北海道、青森）、ブルーベリー 2,400 t（±0；東京、長野、群馬）、アンズ 2,000 t（−100 t；青森、長野、香川）、ネクタリン 1,600 t（±0；長野、福島、山梨）などの生産がある。

1,000 t 未満では、サンショウ 700 t（和歌山、高知、兵庫）、ギンナン 1,100 t（大分、愛知、香川）、オリーブ 600 t（香川、大分、熊本）、パッションフルーツ 500 t（鹿児島、沖縄、東京）、ヤマブドウ 400 t（岩手、山形、北海道）、などが生産されている。

参考文献

・気象庁：2021年（令和3年）の日本の天候（令和4年1月4日）
・農林水産省大臣官房統計部：農林水産統計（果樹）（令和3年11月〜令和4年8月）
・農林水産省生産局園芸作物課：令和元年産　特産果樹生産動態等調査（令和4年3月）
・農林水産省：果樹をめぐる情勢（令和4年8月版）

表1　果物の結果樹面積（ha）、収穫量（t）、出荷量（t）の推移

年産	みかん 結果樹面積	収穫量	出荷量	なつみかん* 結果樹面積	収穫量	出荷量	はっさく* 結果樹面積	収穫量	出荷量
2013 H25	43,700	895,900	804,400	1,950	40,018	32,270	1,719	35,521	27,329
2014 H26	42,900	874,700	782,000	1,917	38,464	32,221	1,709	33,723	26,379
2015 H27	42,200	777,800	683,900	1,725	36,497	31,378	1,668	36,073	27,957
2016 H28	41,500	805,100	717,500	1,638	33,409	29,375	1,590	34,655	27,677
2017 H29	40,600	741,300	661,300	1,599	32,248	27,820	1,585	33,747	26,902
2018 H30	39,600	773,700	691,200	1,552	32,693	28,575	1,557	28,175	23,837
2019 R1	38,700	746,700	668,400	1,509	32,130	27,148	1,523	26,484	22,221
2020 R2	37,800	765,800	690,000						
2021 R3	37,000	749,000	676,900						

年産	いよかん* 結果樹面積	収穫量	出荷量	ネーブルオレンジ* 結果樹面積	収穫量	出荷量	りんご 結果樹面積	収穫量	出荷量
2013 H25	2,688	43,251	40,636	456	7,349	5,600	37,200	741,700	660,700
2014 H26	2,598	36,513	34,556	439	6,905	5,254	37,100	816,300	730,800
2015 H27	2,474	36,799	34,412	420	6,431	4,832	37,000	811,500	727,700
2016 H28	2,289	32,674	30,772	388	5,968	4,582	36,800	765,000	684,900
2017 H29	2,223	30,864	28,856	393	6,012	4,628	36,500	735,200	655,800
2018 H30	2,109	30,111	28,495	386	5,703	4,435	36,200	756,100	679,600
2019 R1	1,961	28,138	26,383	359	3,950	3,038	36,000	701,600	632,800
2020 R2							35,800	763,300	690,500
2021 R3							35,300	661,900	599,500

年産	日本なし 結果樹面積	収穫量	出荷量	西洋なし 結果樹面積	収穫量	出荷量	かき 結果樹面積	収穫量	出荷量
2013 H25	13,000	267,200	246,400	1,560	27,200	23,900	21,600	214,700	177,400
2014 H26	12,800	270,700	249,700	1,520	24,400	21,400	21,300	240,600	198,900
2015 H27	12,400	247,300	227,700	1,510	29,200	25,700	20,800	242,000	198,600
2016 H28	12,100	247,100	227,600	1,510	31,000	27,300	20,400	232,900	191,500
2017 H29	11,700	245,400	226,600	1,490	29,100	25,700	19,800	225,300	186,600
2018 H30	11,400	231,800	214,300	1,470	26,900	23,700	19,100	208,000	172,200
2019 R1	11,100	209,700	193,900	1,450	28,900	25,500	18,900	208,200	175,300
2020 R2	10,700	170,500	158,500	1,420	27,700	24,500	18,500	193,200	165,900
2021 R3	10,300	184,700	172,700	1,400	21,500	18,900	18,100	187,900	162,300

年産	びわ 結果樹面積	収穫量	出荷量	もも 結果樹面積	収穫量	出荷量	すもも 結果樹面積	収穫量	出荷量
2013 H25	1,490	4,960	4,110	9,890	124,700	114,100	2,940	21,800	18,900
2014 H26	1,450	4,510	3,660	9,850	137,000	125,400	2,900	22,300	19,600
2015 H27	1,400	3,570	2,900	9,690	121,900	111,400	2,880	21,300	18,600
2016 H28	1,330	2,000	1,620	9,710	127,300	116,600	2,840	23,000	20,100
2017 H29	1,240	3,630	2,950	9,700	124,900	115,100	2,810	19,600	17,100
2018 H30	1,170	2,790	2,300	9,680	113,200	104,400	2,780	23,100	20,400
2019 R1	1,110	3,430	2,820	9,540	107,900	99,500	2,770	18,100	16,000
2020 R2	1,050	2,650	2,170	9,290	98,900	91,300	2,730	16,500	14,800
2021 R3	950	2,890	2,380	9,300	107,300	99,600	2,680	18,800	17,000

年産	おうとう 結果樹面積	収穫量	出荷量	うめ 結果樹面積	収穫量	出荷量	ぶどう 結果樹面積	収穫量	出荷量
2013 H25	4,460	18,100	16,100	16,200	123,700	107,400	17,400	189,700	173,600
2014 H26	4,460	19,000	17,000	16,200	111,400	97,100	17,300	189,200	173,400
2015 H27	4,440	18,100	16,300	15,900	97,900	85,000	17,100	185,000	165,200
2016 H28	4,420	19,800	17,700	15,600	92,700	80,800	17,000	179,200	163,800
2017 H29	4,360	19,100	17,200	15,100	86,800	75,600	16,900	176,100	161,900
2018 H30	4,350	18,100	16,200	14,800	112,400	99,200	16,700	174,700	161,500
2019 R1	4,320	16,100	14,400	14,500	88,100	77,700	16,600	172,700	160,500
2020 R2	4,320	17,200	15,400	14,100	71,100	62,200	16,500	163,400	152,100
2021 R3	4,260	13,100	11,800	13,800	104,600	93,200	16,500	165,100	153,900

年産	くり 結果樹面積	収穫量	出荷量	キウイフルーツ 結果樹面積	収穫量	出荷量	パインアップル 結果樹面積	収穫量	出荷量
2013 H25	20,600	21,000	15,500	2,170	30,400	26,100	311	6,590	6,410
2014 H26	20,200	21,400	16,000	2,150	31,600	27,100	302	7,130	6,960
2015 H27	19,800	16,300	11,800	2,090	27,800	23,800	310	7,660	7,500
2016 H28	19,300	16,500	12,100	2,040	25,600	21,800	316	7,770	7,580
2017 H29	18,800	18,700	14,500	2,000	30,000	26,200	317	8,500	8,310
2018 H30	18,300	16,500	13,000	1,950	25,000	21,800	319	7,340	7,160
2019 R1	17,800	15,700	12,500	1,900	25,300	22,500	320	7,460	7,280
2020 R2	17,400	16,900	13,600	1,900	22,500	19,900	320	7,390	7,210
2021 R3	16,800	15,700	12,800	1,880	19,700	17,400	308	6,990	6,750

資料：農林水産省統計情報部「作況調査（果樹）」　　　*特産果樹生産動態等調査より

3．穀　　類

全国農業協同組合連合会　施設農住部　施設課　　渡辺　宏紀

Ⅰ．穀類の生産動向

1．米の作付面積、収穫量の推移

　令和3年度の水稲作付面積は1,403千haで、前年から59千haの減少（前年対比96%）であった（表1）。水稲の作付面積から、備蓄米、加工用米、新規需要米の作付面積を除いた主食用作付面積は1,303haであった。主食用の需給安定には作付転換が必要だとされ、主産県を中心に取り組みが進んだ結果、前年から63千haの減少であった。沖縄県を除く全国で作付面積が減少した。農業地域ごとに見ると、北海道、東北、北陸、関東・東山、東海、近畿、中国、四国、九州で作付面積の減少が確認されたが、北陸、東海、近畿、中国、四国、九州、沖縄では前年対比98%もしくは97%に留まる。一方、東北では前年対比95%、北海道と関東・東山では前年対比94%となった。作付面積の前年対比は、北海道6,200ha減、東北地方18,500ha減、北陸4,600ha減、関東・東山16,500ha減、東海2,900ha減、近畿2,000ha減、中国2,400ha減、四国1,500ha減、九州3,500ha減、沖縄16ha増であった。

　10aあたりの収量（以下「単収」と記す）は全国平均で539kgであった（前年の単収は531kgであった）。地区別の作柄は、北海道および東北においては、登熟が順調に推移し、北海道597kg（前年比16kg増）、東北581kg（同5kg減）となった。その他の地域では、8月の台風や気温の低下、日照不足などの気候の影響により、登熟が平年を下回る地域がある一方で、9月中旬以降は天候に恵まれ登熟が順調であったことから、北陸は531kg（同19kg減）、関東・東山は545kg（同9kg増）、東海は493kg（同13kg増）、近畿は503kg（同13kg増）、中国は517kg（同33kg増）、四国は482kg（同12kg増）、九州は485kg（同45kg増）、沖縄は319kg（同3kg減）となった。

　子実用収穫量は、7,563千tであり、前年と比較して200千tの減少となった。主食用収穫量は7,226千tであり、前年と比較して219千tの減少となっている。

　令和3年産陸稲は、全国の作付面積は553haであり前年比83ha減であった。全国の単収は230kg（前年比6kg減）となった。

　令和3年産の米の被害状況は、被害面積1,912千ha、被害量363千tであった（表2）。集計した気象被害では、日照不足（221千t）が最も多かったが、本集計には重大な被害をもたらした台風等による風水害被害は含まれていない。また、令和元年より甚大な被害をもたらしていたウンカ被害は、各地の対策により、前年比66千t減少した。

2．麦類の作付面積、収穫量の推移

　北海道を含む全国の小麦の作付面積は220千haと前年と比較して、7千ha増加した（前年比3%増）これは、北海道や九州を中心に他作物からの作付転換があったことが大きな理由である。作物収穫量は1,097千tで、前年度に比べて148千t増加した（同16%増）（表3）。単収は、全国平均で499kgであり、前年と比較して52kg増加した（同12%増）。北海道の単収は、578kg（同12%増）、都府県では393kg（同11%増）であった。これは、

表1　米（水稲子実用）作付面積と生産量の推移（単位：千ha、千t、kg）

年	H24	H25	H26	H27	H28	H29	H30	R1	R2	R3
作付面積	1,579	1,597	1,573	1,505	1,478	1,465	1,470	1,469	1,462	1,403
収穫量	8,519	8,603	8,435	7,986	8,042	7,822	7,780	7,762	7,763	7,563
単収	540	539	536	531	544	534	529	528	531	539
作況指数	102	102	101	100	103	100	98	99	99	101

資料：農水省　統計部

表2　水稲の被害面積と被害量（上段 被害面積：千ha、下段 被害量：千t）

年産		H24	H25	H26	H27	H28	H29	H30	R1	R2	R3
気象被害	風水害	260	405	349	402	309	-	-	-	-	-
		57	101	76	103	67	-	-	-	-	-
	冷害	76	86	51	124	125	212	110	81	47	20
		14	20	11	25	27	45	36	12	9	5
	日照不足	667	422	1,217	1,227	809	1070	1045	1185	1235	1,107
		149	92	240	281	171	243	252	238	238	221
	高温障害	455	475	77	125	189	105	653	699	568	331
		45	52	6	18	23	12	94	94	63	37
	計	1,458	1,388	1,694	1,878	1,432	1,387	1,808	1,965	1,850	1,458
		265	265	333	427	288	300	382	344	310	263
いもち病		239	284	383	324	237	239	211	240	294	300
		57	72	103	92	59	61	49	56	78	83
虫害	ウンカ	80	152	97	52	62	70	48	111	128	39
		15	55	24	7	12	15	7	41	71	5
	カメムシ	113	105	105	108	105	110	109	143	141	115
		11	10	10	10	9	11	13	18	17	12
	計	193	257	202	160	167	180	157	254	269	154
		26	65	34	17	21	26	20	59	88	17
合計		1,890	1,929	2,279	2,362	1,836	1,806	2,176	2,459	2,413	1,912
		348	402	470	536	368	387	451	459	476	363

資料：農水省　統計部　　－：公表なし

表3　麦類の作付面積と収穫量（単位：千ha、千t、kg）

年		H24	H25	H26	H27	H28	H29	H30	R1	R2	R3
小麦	作付面	209	210	212	213	214	212	212	212	213	220
	収穫量	857	811	852	1,004	790	907	765	1,037	949	1,097
	単収	410	386	401	471	369	427	361	490	447	499
二条大麦	作付面	38	37	37	37	38	38	38	38	39	38
	収穫量	112	116	108	113	106	120	122	147	145	158
	単収	293	311	288	299	280	313	318	386	368	413
六条大麦	作付面	17	16	17	18	18	18	17	18	18	18
	収穫量	47	51	47	52	53	52	39	56	57	55
	単収	280	305	272	287	295	290	225	315	314	304
はだか麦	作付面	4	5	5	5	4	5	5	6	6	7
	収穫量	12	14	14	11	10	13	14	20	20	22
	単収	245	293	276	217	200	256	258	351	322	324
麦合計	作付面	268	268	271	273	274	273	272	274	276	283
	収穫量	1,028	992	1,021	1,180	959	1,092	940	1,260	1,171	1,332

資料：農水省　統計部

表4　大豆の作付面積と収穫量（単位：千ha、千t）

年	H24	H25	H26	H27	H28	H29	H30	R1	R2	R3
作付面積	131	129	132	142	150	150	147	144	142	146
収穫量	236	200	232	243	238	253	211	218	219	247

資料：農水省　統計部

全国的に天候に恵まれ、生育が順調で登熟も良好であったことが理由である。

二条大麦は九州を中心に他作物への作付転換があり、作付面積は38千haと前年と比較して1.1千ha減少した（前年比3％減）。収穫量は158千tで、前年産に比べて13千t増加した（同9％増）。これは、小麦と同様に、全国的におおむね天候に恵まれ、生育が良好で登熟も良好で、単収が413kgと前年と比較して45kg増加したためである（同12％増）。

六条大麦の全国の作付面積は18千haと前年と比較して100ha増加した(前年比1％増)。全国の収穫量は55千tで、前年産と比較して1.5千t減少した(前年比3％減)。これは、おおむね天候に恵まれ、生育が順調であったものの、登熟期の多雨、日照不足等の影響から、前年産より登熟が抑制されたためである。単収は304kgで前年と比較して10kg減少した(同3％減)。

はだか麦の全国の作付面積は、健康食品としての需要の高まり等により、他作物からの転換等があったため、6.8千haと前年と比較して490ha増加した(前年比8％増)。全国の収穫量は22千tで、前年産と比較して1.7千t増加した(前年比8％増)。単収は324kgで前年と比較して2kg増加した(同1％増)。

大豆の全国の作付面積は146千haで、他作物からの作付転換があったため、前年と比較して4.5千ha増加した(前年比3％増)（表4）。全国の収穫量は、247千tで前年と比較して28千t増加した(前年比13％増)。単収は169kgで、前年と比べて15kg増加した(同10％増)。これは、8月の大雨等の影響がみられた九州の一部地域を除き、生育期間がおおむね天候に恵まれ、登熟も良好であったためである。

Ⅱ．流通施設の現状と課題

1．共同育苗施設

全国の水稲共同育苗施設数は、過去10年以上にわたって減少傾向にあり、令和2年度は1,002か所となっている（図1）。

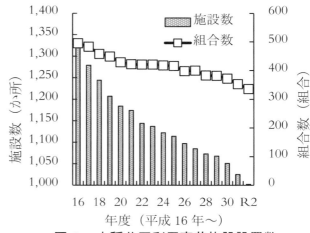

図1　水稲共同利用育苗施設設置数
（農水省　総合農協統計表より）

これは、長期的視野でみると、作付面積の減少に加え、JAの合併による施設利用の効率化に伴う施設集約が背景にあると考えられる。

2．共同乾燥調製（貯蔵）施設

米麦共同乾燥調製（貯蔵）施設は、①乾燥調製作業の合理化、②貯蔵の合理化、③高品質・大量均質な米麦の供給、④流通の合理化を目的として、刈取、脱穀した生穀類（籾、麦、大豆等）を荷受し、一定のロットで乾燥・調製する施設である。乾燥籾もしくは乾燥麦を貯蔵する機能のある施設は「カントリーエレベーター（以下「CE」と記す）」、都度籾摺り等の調製をし、出荷する施設は「ライスセンター（以下「RC」と記す）」と呼ばれている。水稲作付面積に対する共同利用施設の受益面積の割合（普及率）は、平成17年時点で、作付面積1,701千haに対して27.8％と

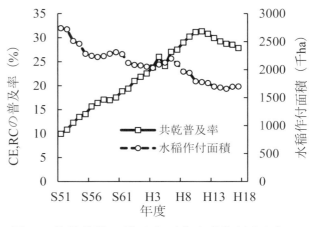

図2　共乾施設の普及率（農水省資料より）

なっている（図2）（平成17年以降はデータなし）。これ以外（約70%）が、個人乾燥およびはざ掛け等（人工乾燥に拠らない乾燥）となっている。平成17年以降のデータは公表されていないが、施設の普及率は（受益対象面積／作付面積）は、おおむね30%で推移しているとみられる。

共乾施設の設置基数は令和2年度でCE 761か所、RCは1,339か所であった（表5）。大型施設の多い北海道を除くと、CEでは東北、北陸、九州が特に多く、RCは関東、中国・四国、九州が多い。

表5　令和2年度　地域別RC、CEの設置基数
（単位：か所）

地域	RC	CE	合計
北海道	72	84	156
東北	185	172	357
関東	284	83	367
北陸	111	127	238
東海	101	67	168
近畿	123	50	173
中国・四国	264	74	338
九州	255	104	359
沖縄	4	-	4
合計	1,399	761	2,160

資料：農水省　総合農協統計表

平成26年と比較すると、RCは138施設の減少、CEは19施設の減少であった。また、設置後20年を経過した施設が全体の92%を占めており（図3）、修理・更新費用の増加が問題となっている。

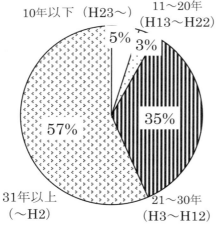

10年以下（H23〜）
11〜20年（H13〜H22）
5%
3%
35%
57%
31年以上（〜H2）
21〜30年（H3〜H12）

図3　CEの設置後経過年数の比率
（R03　全農調べ、上段経過年数、下段設置年）

3．農業倉庫

玄米を保管する施設である農業倉庫では、米は主として紙袋、フレコン等の荷姿で保管される。農業倉庫には、低温倉庫（保管米穀の温度を夏季において15℃以下に保存でき、適正な湿度を保つ機能を有する倉庫）、準低温倉庫（同20℃以下）、常温倉庫（おおむね23℃以下に保持することができる断熱構造を持つ倉庫）があり、大型自動ラックや均質化装置を備えたバラ集出荷施設も建設されている。

農協における米麦の保管業務に用いる、保管用の倉庫棟数は減少傾向であり、それにともなって、延べ床面積も減少している（表6）。

表6　総合農協所有の農業倉庫における標準収容力の推移

年度	棟数（棟）	延べ床面積（千㎡）	標準収容力（千t）
H24	6,997	4,019	6,892
H25	6,834	3,968	6,775
H26	6,756	4,240	6,742
H27	6,716	3,870	6,701
H28	6,405	3,629	6,333

※H29年以降は公表なし
資料：農水省　総合農協統計表

Ⅲ．政策、制度の動向

ここでは政府の施策等について、令和4年度に実施および検討される主な項目を紹介する。

1．産地・生産者が中心となり、需要に応じた多様な品目の生産・販売を行う施策

（1）米

ア　生産者や集荷業者・団体が主体的な経営判断や販売戦略等に基づき、需要に応じた米の生産・販売に取り組めるよう、産地・生産者と実需者が結び付いた事前契約や複数年契約による安定取引の推進、水田活用の直接支払交付金や水田リノベーション事業による支援、都道府県産別、品種別等のきめ細かな需給・価格情報、販売進捗情報、在庫情報の提供、都道府県別・地域別の作付動向（中間的な取組状況）の公表。

イ　国が策定する需給見通し等を踏まえつつ生産者や集荷業者・団体が主体的に需要に応じた生産・販売を行うため、行政生産者団体、現場が一体となって取り組む。

ウ　米の生産については、農地の集積・集約化による分散錯圃の解消や作付の団地化、やスマート農業技術等の導入・シェアリングの促進、資材費の低減等による生産コストの低減等を推進。

エ　「農林水産物・食品の輸出拡大実行戦略」で掲げた輸出額目標の達成に向けて、輸出ターゲット国・地域である香港、アメリカ、中国、シンガポールを中心とする輸出拡大が見込まれる国・地域での海外需要開拓・プロモーションや海外規制に対応する取組に対して支援するとともに、大ロットで輸出用米の生産・供給に取り組む産地の育成等の取組を推進。

（２）麦

ア　経営所得安定対策や強い農業・担い手づくり総合支援交付金等による支援を行うとともに、作付けの団地化の推進や営農技術の導入を通じた産地の生産体制の強化・生産の効率化等を推進。

イ　実需者ニーズに対応した新品種や栽培技術の導入により、実需者の求める量・品質・価格の安定を支援し、国産麦の需要拡大を推進。

（３）大豆

ア　経営所得安定対策や強い農業・担い手づくり総合支援交付金等による支援を行うとともに、作付けの団地化の推進や営農技術の導入を通じた産地の生産体制の強化・生産の効率化等を推進。

イ　実需者ニーズに対応した新品種や栽培技術の導入により、実需者の求める量・品質・価格の安定を支援し、国産大豆の需要拡大を推進。

ウ　「は種前入札取引」の適切な運用により、国産大豆の安定取引を推進。

エ　実需と生産のマッチングを推進し、実需の求める品質・量の供給に向けた生産体制の整備を推進。

２．農地中間管理機構の活用による担い手への農地集積・集約化と農地の確保

（１）担い手等への農地集積・集約化

ア　地域の徹底した話合いにより策定された「人・農地プラン」の実行を通して、担い手への農地集積・集約化を一層加速させる。

イ　農作業の省力化・高度化を図るため、農林産省は自動走行農機の効率的な作業に適した農地整備、ICT水管理施設の整備、パイプライン化等、スマート農業を実装する上で必要な農業生産基盤整備を推進。

ウ　「農業経営基盤強化促進法等の一部を改正する法律」に基づき創設した制度利用の促進により、所有者不明農地への対応の強化を実施。

（２）荒廃農地の発生防止・解消、農地転用許可制度等の適切な運用

ア　多面的機能支払制度及び中山間地域等直接支払制度による地域・集落の共同活動、農地中間管理事業による集積・集約化の促進、最適土地利用対策による地域の話合いを通じた荒廃農地の有効活用や低コストな肥培管理による農地利用（粗放的な利用）、基盤整備の活用等による荒廃農地の発生防止・解消に努める。農業者等が行う、荒廃農地を再生利用する取組を推進。

イ　農地の転用規制及び農業振興地域制度の適正な運用を通じ、優良農地の確保に努める。

３．農業経営の安定化に向けた取組の推進

（１）経営所得安定対策収入保険制度や経営所得安定対策等の着実な推進

ア　自然災害や価格下落等の様々なリスクに対応し、農業経営の安定化を図るため、収入保険の普及促進・利用拡大を図る。このため、現場ニーズ等を踏まえた改善等を行うとともに、地域において、農業共済組合や農業協同組合等の関係団体等が連携して推進体制を構築し、加入促進の取組を引き続き実施。

イ　「農業の担い手に対する経営安定のための交付金の交付に関する法律」に基づく畑

作物の直接支払交付金及び米・畑作物の収入減少影響緩和交付金、「畜産経営の安定に関する法律」に基づく肉用牛肥育・肉豚経営安定交付金（牛・豚マルキン）及び加工原料乳生産者補給金、「肉用子牛生産安定等特別措置法」に基づく肉用子牛生産者補給金、「野菜生産出荷安定法」に基づく野菜価格安定対策等の措置を安定的に実施。

（2）総合的かつ効果的なセーフティネット対策の在り方の検討

ア　収入保険については、農業保険以外の制度も含め、収入減少を補塡する関連施策全体の検証を行い、農業者のニーズ等を踏まえ、総合的かつ効果的なセーフティネット対策の在り方について検討し、必要な措置を講じる。

イ　農業保険や経営所得安定対策等の類似制について、申請内容やフローの見直し等の業務改革を実施しつつ、手続の電子化の推進、申請データの簡素化等を進めるとともに、利便性向上等を図るため、総合的なセーフティネットの窓口体制の改善・集約化を引き続き検討。

４．不足時における食料安定供給のために備えの強化

（1）米

米の供給が不足する事態に備え、国民への安定供給を確保するため、100万ｔ程度（令和４年６月末時点）の備蓄保有の実施。

（2）食料用小麦

海外依存度の高い小麦について、大規模自然災害の発生時にも安定供給を確保するため、外国産食糧用小麦需要量の2.3か月分を備蓄し、そのうち政府が1.8か月分の保管料を助成。

５．米政策改革の着実な推進と水田における高収益作物等への転換

（1）戦略作物の生産拡大

需要に応じた生産・販売を推進するため、水田活用の直接支払交付金により、麦、大豆、飼料用米等、戦略作物の本作化を進め

るとともに、地域の特色のある魅力的な産品の産地づくりに向けた取組を支援。

（2）コメ・コメ加工品の輸出拡大

輸出拡大実行戦略で掲げた、コメ・パックご飯・米粉及び米粉製品の輸出額目標の達成に向けて、輸出ターゲット国・地域である香港、アメリカ、中国、シンガポールを中心とする輸出拡大が見込まれる国・地域での海外需要開拓・プロモーションや海外規制に対応する取組に対して支援するとともに、大ロットで輸出用米の生産・供給に取り組む産地の育成等の取組を推進。

（3）米粉用米・飼料用米

米粉用米・飼料用米の作付面積は図４に示すとおり。

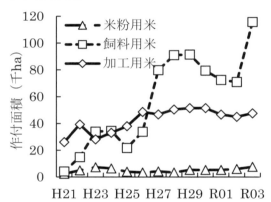

図４　飼料用米等の取組計画認定面積
（農水省資料より）

ア　米粉製品の価格低減に資する取組事例や新たな米粉加工品の情報発信等の需要拡大に向けた取組を実施し、生産と実需の複数年契約による長期安定的な取引の推進に資する情報交換会を開催するとともに、ノングルテン米粉の製造工程管理JASの普及を推進。

イ　地域に応じた省力・多収栽培技術の確立・普及を通じた生産コストの低減やバラ出荷による流通コストの低減に向けた取組を支援。また、飼料用米を活用した豚肉、鶏卵等のブランド化を推進するための付加価値向上等に向けた取組や、生産と実需の複数年契約による長期な取引を推進。

４．花　き

農研機構　野菜花き研究部門　上級研究員　**湯本　弘子**

１．はじめに

　国内の花き生産、流通の現状について、花きに関する統計データを用いて解説する。統計データは、政府統計の総合窓口（e-Stat）等ウェブ上で入手できる。花きの輸出入については、「５．農産物の輸出入」を参照いただきたい。

２．花き生産と流通の動向

　花き類の産出額については、農林水産省の「生産農業所得統計」を用いた。この統計での花き類は、切り花、球根、鉢もの類、花き苗類、芝等となっており、花木類と地被植物が含まれない。花き類の産出額は 1998 年度の 4,734 億円をピークに減少を続け、2011 年度以降は 3,300~3,500 億円台で推移していた（図１）。2020 年度の花き類の産出額は 3,080 億円であり、農産物総産出額の約 3.4%となった。これは 1990 年度の 3.3%に次いで低い割合である。

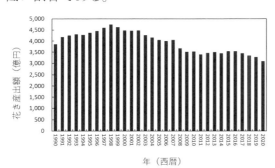

図１　花き類の国内産出額の推移
※花木類および地被植物は含まれない
平成２〜令和２年度：生産農業所得統計

　花き類の各分類の作付面積について図２にまとめた。平成 21〜30 年度までは農林水産省の「花木等生産状況調査花き生産状況（参考）」を用いたが、令和元年度は記載がなかっ

たため、切り花類、鉢もの類、花壇苗もの類、球根類については「作物統計調査花き生産出荷統計」を用いた。花木類、芝、地被植物類については「花木等生産状況調査」を用いることになるが、令和元年度は主要都道府県のみの調査のため図に掲載しなかった。花き類の作付面積は年々減少しており、2019 年度は切り花類、鉢物類、花壇苗もの類、球根類いずれも 2018 年度に比べて減少した。

　出荷数量についても、切り花類、鉢もの類、花壇苗もの類、球根類の順に 2019 年度は 2009 年度の 77%、76%、75%、46%となり、いずれも 2018 年度を下回った。

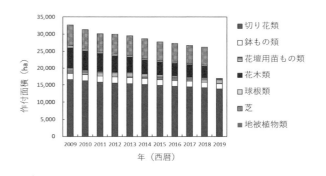

図２　花き類の国内作付面積の推移
平成 21〜30 年度：花木等生産状況調査花き生産状況（参考）
令和元年度の切り花類、鉢もの類、花壇用苗もの類、球根類：作物統計調査花き生産出荷統計
令和元年度の花木類、芝、地被植物類：花木等生産状況調査に主要度道府県のデータしかないため掲載せず。

　花き類の各分類の産出額について図３にまとめた。平成 21〜30 年度までは農林水産省の「花木等生産状況調査花き生産状況（参考）」を用いたが、令和元年度は農林水産省花き振興コーナーの花木等生産状況調査（ https://www.maff.go.jp/j/seisan/kaki/flower/f-kaboku.html）に掲載された情報を用い

た。2019 年度の切り花類の産出額は 1,971 億円となり 2009 年度以降で初めて 2,000 億円を下回ったが、花き類総産出額（3,484 億円）に占める割合は 5 割強を維持している。鉢もの類の産出額は 2009 年度以降微増していたが、2018 年度から減少し始め、2019 年度は 902 億円となった。花壇用苗もの類、球根類は微減しており、2019 年度は 311 億円、17 億円となっている。

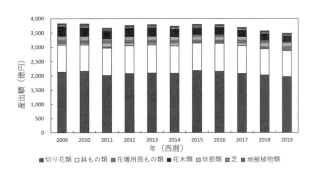

図3　花き類の国内産出額の推移

平成 21～30 年度：花木等生産状況調査花き生産状況（参考）

令和元年度：

https://www.maff.go.jp/j/seisan/kaki/flower/f-kaboku.html

　切り花類の品目別出荷数量について図4にまとめた。平成 21～30 年度までは農林水産省の「花木等生産状況調査花き生産状況（参考）」を用いたが、令和元年度は掲載がなかったため「作物統計調査花き生産出荷統計」を用いた。切り花類の品目別産出額について図5にまとめた。平成 21～30 年度までは農林水産省の「花木等生産状況調査花き生産状況（参考）」を用いたが、令和元年度は農林水産省花き振興コーナーの花木等生産状況調査（ https://www.maff.go.jp/j/seisan/kaki/flower/f-kaboku.html）に掲載された情報を用いた。出荷数量、産出額ともに 1 位はキクだが、2018 年度より 15 億本を下回り、2019 年度は 14.1 億本、産出額は 597 億円となった。2016 年度よりキクの内訳品目（輪ぎく、スプ

レイぎく及び小ぎく）の作付面積および出荷本数の調査は全国調査年のみ実施することになった。2019 年度は 2016 年度に比べて輪ギク、小ギクの出荷本数の減少率がスプレイぎくよりも大きかった。

　カーネーションは 2009 年度ではキクに次いで2位の出荷数量、4位の産出額であった。しかし、出荷数量は減少の一途をたどり 2016 年度にはバラを下回った。産出額も同様に減少しており、2019 年度は 6 位（切り枝を除くと 5 位）となっている。

　バラもカーネーション同様、出荷数量および産出額が減少している。2019 年度の出荷数量は 3 位、産出額は 4 位（切り枝を除くと 3 位）となっている。

　ユリの出荷数量は 2009 年度から 2019 年度にかけて減少している。2019 年度の産出額は 190 億円（2 位）となった。

　トルコギキョウの出荷数量は 2009 年度の 1.1 億本から 2019 年度の 9.7 千万本と微減している。一方、2019 年度の産出額は 116 億円であり、5 位（切り枝を除くと 4 位）となっている。

　スターチスの出荷数量および産出額は 2009 年度以降微増している。2019 年度の産出額は 47 億円である。ガーベラの出荷数量は減少しているが産出額は 37～48 億円で安定している。アルストロメリアの出荷数量は減少しているが、産出額は 35～41 億円程度で安定している。

　洋ラン類の出荷数量は 2009 年度から 2019 年度にかけて減少し、産出額も減少しており、2019 年度は 28 億円である。切り葉の出荷数量は 2009 年度から 2019 年度にかけて減少し、産出額も微減しており、2019 年度は 39 億円である。切り枝の出荷数量は 2009 年度から 2019 年度にかけて減少しているが、産出額は右肩上がりに増加しており 2019 年度は 186 億円となった。

　出荷数量データが 2013～2016 年度の間欠けている宿根カスミソウについては、出荷数量が減少し、産出額が微増している。2019

年度の産出額は39億円である。2013年度より前の出荷数量データのないリンドウについては、出荷数量8千〜8.9千万本、生産額も31〜38億円と安定している。

産出額のデータのみのストックおよびチューリップについては、それぞれ2009年度は19億円、22億円、2019年度は18億円、10億円となっている。

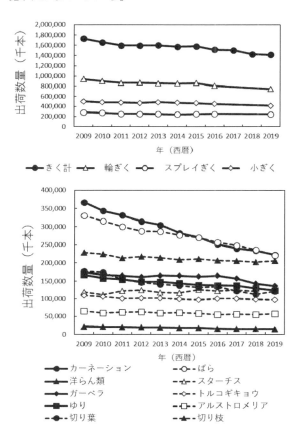

図4　切り花類の出荷数量の推移
平成21〜30年度：花木等生産状況調査花き生産状況（参考）
令和元年：作物統計調査花き生産出荷統計

2009年度から2019年度まで品目ごとの統計データがあった鉢もの類、花壇用苗もの類について記載する。鉢もの類ではシクラメン、洋ラン類、観葉植物、花木類、その他の分類となっている。出荷数量については、シクラメン、洋ラン類は2009年度から2019年度にかけて減少した。観葉植物は2010年度から2018年度まで4千万鉢台を維持していたが、2019年度に3.7千万鉢に減少した。花木類は

2010年度から2012年度まで増加したがその後減少傾向である。2019年度の産出額はシクラメン69億円、洋ラン類355億円、観葉植物116億円、花木類138億円となっている。2009年度と比べるとシクラメン、観葉植物で産出額が減少している。花壇用苗もの類ではパンジーとその他の分類となっている。パンジーについて出荷数量は2009年度に比べて2019年度は減少したが、産出額は47億円と微増した。

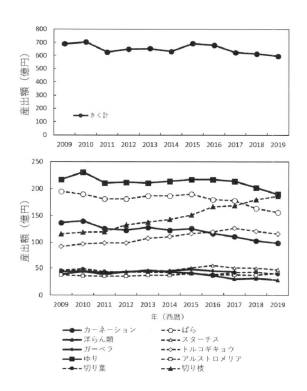

図5　切り花類の産出額の推移
平成21〜30年度：花木等生産状況調査花き生産状況（参考）
令和元年度：
https://www.maff.go.jp/j/seisan/kaki/flower/f-kaboku.html

3．卸売市場の現状

「令和3年度卸売市場データ集」が農林水産省のホームページに未掲載であったため、卸売市場経由率の図6およびセリ・入札取引の図7は昨年と同様となっている。花きの卸売市場経由率は、青果（野菜・果実）に比べて高く推移している。ここ数年低下傾向にあ

るものの、2018年度は73.6％となっており、青果の54.4％よりも高い。一方で、セリ・入札取引の推移をみると、花きは2000年度では68.5％であったが、2019年度には18.0％まで低下しており、青果に比べて急激にセリ・入札取引の割合が減少している。

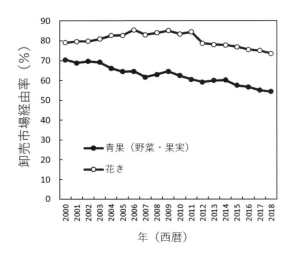

図6　卸売市場経由率の推移
※青果は数量ベース、花きは金額ベースの値
令和2年度卸売市場データ集（農林水産省）

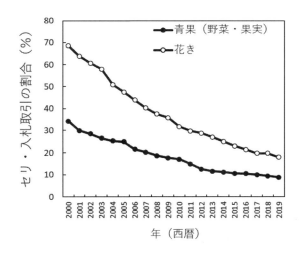

図7　セリ・入札取引の推移
※青果・花きともに金額ベースの値
令和2年度卸売市場データ集（農林水産省）

4．家庭消費の動向

切り花の世帯当たりの年間購入金額は、総務省統計局の「家計調査年報　家計支出編」による。切り花は他の農産物とは異なり、調査項目「教育娯楽用品」に含まれる。同分類には文房具やテレビゲーム等が含まれる。

1996年度以降の1世帯（二人以上世帯）の年間切り花購入金額は1997年度の13,130円が最も高く、それ以降年々減少していた。2019年度は前年度に比べてわずかに増額したが、2020年度は再び減額した（図8）。2011年度より、1世帯（単身世帯）の年間切り花購入金額のデータが加わった。単身世帯の年間切り花購入金額は7〜8千円程度で推移していたが、2019年度から6,000円台となり2020年度は6,631円となった。

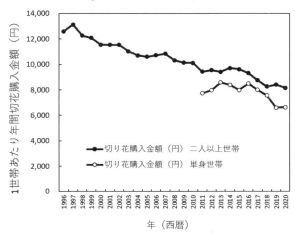

図8　1世帯当たり年間切り花購入金額の推移
平成8〜令和2年度：家計調査年報家計収支編（総務省統計局）

2019年度の1世帯（二人以上世帯）あたりの月別切り花購入金額を図9に示した。3月、8月、12月の購入金額が多いことから、いわゆる物日（彼岸、盆、年末）に切り花の需要が多いことが示されている。

2018年度〜2020年度の1世帯（二人以上世帯）あたりの年間切り花購入金額を年代別に示した（図10）。2018〜2020年度を通して世帯主の年齢が60歳以上の世帯で購入金額が多く、50歳未満になると切り花への支出

は著しく少額となった。2019年度は29歳以下の切り花購入金額が719円と非常に少額であったが、2020年度は1,801円に増額した。

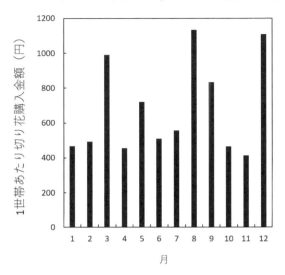

図9　1世帯当たり月別切り花購入金額
（2020年）
※二人以上世帯の金額
令和2年度家計調査年報家計収支編（総務省統計局）

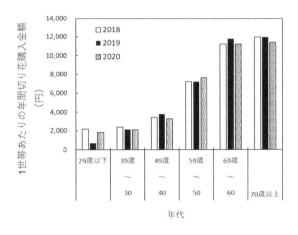

図10　1世帯当たり年代別切り花購入金額（2018〜2020年）
※二人以上世帯の金額。世帯主の年代。
平成30〜令和2年度：家計調査年報家計収支編（総務省統計局）

5．新型コロナウィルス感染症による影響

　新型コロナウィルス感染症が花き産業に及ぼす影響について考察するため、東京都中央卸売市場の「市場統計情報（月報）」の切り花、鉢ものおよび苗もの販売数量、金額および単価のデータを活用した（図11、図12）。なお、2020年2月26日にイベント自粛要請（第14回新型コロナウィルス対策本部）、同年3月2日に小中学校の一斉休校（第15回新型コロナウィルス対策本部）、同年4月7日に緊急事態宣言が発効された。それ以降、緊急事態宣言の再発効やまん延防止等重点措置が行われた。直近での大きな措置は2022年1月9日のまん延防止等重点措置である（2022年3月21日まで）。

　切り花の取り扱い本数および金額は、コロナウィルス感染症の感染拡大前の2019年度は83千万本、554億円であったが、2020年度は76千万本、502億円に減少した。2021年度は78千万本、557億円であった。2021年度は切り花の取り扱い本数が2019年度並みには回復しなかったが、単価は2019年度よりも高めで推移したことから取り扱い金額は増加したと推測される。2022年度の1〜6月までの単価はここ3年で最も高い値で推移している。鉢物について2019年度に比べて2020年度は数量が減少し、2021年度は微増した。金額は2019年、2020年度が43億円に対して2021年度は47億円と増加した。2021年度、2022年度の1〜5月の市場単価は2019年度、2020年度に比べて高い値で推移した。苗ものの取扱数量は2019年度に比べて2020年度は微減したが、2021年度は2019年度をわずかに上回った。金額は2019年度から2021年度にかけて右肩上がりに増加している。1月から5月にかけての単価は2019年度と2020年度に比べて2021年度と2022年度で高くなっている。

　新型コロナウィルス感染症が食料・農業・農村に及ぼした影響についてまとめた資料（「令和3年度食料・農業・農村の動向」）が農林水産省より公表されており、「花きは需要回復傾向にあるが業務需要を中心に需要の減少が継続」と記載されている。

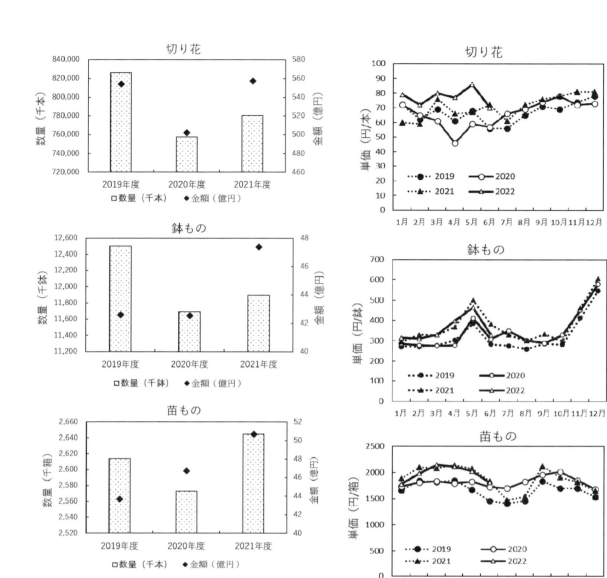

図 11　花き類の卸売取扱数量および金額
の推移（2019 年度～2021 年度）

令和元～3年度：市場統計情報月報（東京都中
央卸売市場）

図 12　花き類の卸売単価の推移（2019 年 1
月～2022 年 6 月）

令和元 1 月～4 年 6 月：市場統計情報月報（東京
都中央卸売市場）

5．農産物の輸出入

農産物流通技術研究会　会長　　長谷川美典

1．青果物の輸出

　政府は農林水産物・食品の輸出額の目標を2020年に新たに定め、2025年2兆円、2030年5兆円とした。なお、2020年における農林水産物・食品の輸出額は9217億円、2021年は1兆1626億円となっている。

　また、2021年の青果物輸出額は、377億円（対前年比＋28.3％）であり、43％をりんごが占め、台湾を中心に輸出している。青果物の2021年の輸出を金額ベースでみると、りんごが最も多く、次いで、ぶどう、いちご、もも、メロン、なし、かんきつ、かきの順となっている。野菜では、かんしょが多く、次いで、ながいもで、かんしょが大幅に輸出を拡大している。

　野菜、果実、花きについて、詳細にみると以下のようになる（表1）。

（1）野　菜

　かんしょについては、2021年に5,603 t（23.3億円）（対前年比＋6.4％、＋13.1％）と、主に香港、タイ、シンガポールを中心に大幅に伸びた。2007年は310 t（0.8億円）であったが、2010年561 t（1.6億円）、2013年　1,029 t（3.1億円）、2016年には2,291 t（8.7億円）、2018年3,520 t（13.8億円）、2019年4,347 t（16.9億円）、2020年5,268 t（20.6億円）と急激な伸びとなっている。香港やタイでの焼き芋人気に支援され、東南アジアでの拡大が主な要因である。

　ながいもは、近年、野菜輸出の主力産品であり、東日本大震災後、増加傾向にある。主に台湾、アメリカ、シンガポールに輸出されている。2007年は5,794 t（18.7億円）であったのが、2010年に5,334 t（20.0億円）、2013年5,714 t（18.9億円）、2016年には6,135 t（25.6億円）と推移し、2018年は5,929 t（21.7億円）、2019年は5,944 t（22.7億円）、2020年5,992 t（21.3億円）、2021年6,773 t（23.1億円）（対前年比　数量＋13.0％、金額＋8.7％）となった。

（2）果　実

　日本の果実は、その高い品質がアジアをはじめとする諸外国で評価され、輸出額は近年増加傾向で推移しており、2021年の輸出額は約263億円となっている。

　輸出先別では、主要6品目の合計約254億円のうち台湾向けが約150億円（約6割）、香港向けが約86億円（約3割）と、2地域で全体の9割以上を占めている。

　品目別では、主要6品目の合計約254億円のうちりんごが約6割の約162億円（台湾向け約118億円、香港向け約35億円など）となっている。

　りんごの2021年の輸出量は37,729 t（対前年比＋40.1％）、162億円（同＋51.5％）となっている。

　果実輸出を金額順に並べると、りんごに次いで、ぶどう1,837 t、46億円（＋7.3％、＋12.4％）、いちご1,776 t、41億円（＋50.6％、＋54.4％）、もも1,926 t、23億円（＋20.5％、＋24.1％）、なし 1,313 t、9.6億円（＋10.5％、＋25.9％）、うんしゅうみかん1,698 t、9.4億円（＋7.3％、＋12.4％）であった。

（3）花　き

　花きの輸出額は、2015年83億円、2017年136億円と順調に伸びてきたが、ここでピークを迎え、その後、2019年104億円、2021年85億円となっている。

　2021年は輸出額の大半を占める植木・盆栽・鉢ものの金額が前年より大きく減少したため、85億円（対前年比－3割）であった。切り花については輸出重点品目であり、13.4億円

と大きく増加した（対前年比＋７割）。

「新たな花き産業及び花きの文化の振興に関する基本方針」（2020年４月）において、2030年の目標として、200億円を目指すこととしている。

2021年においては、植木・盆栽・鉢物の輸出69億円のうち、主に、中国（43.5％）、ベトナム（34.8％）、香港（5.8％）、台湾（5.8％）を中心に輸出し、この４カ国で約９割を占めている。

切り花は13.4億円で、約７割の増加であったが、中国（45.5％）、アメリカ（18.7％）、韓国（9.7％）、香港（7.5％）、台湾（4.5％）が中心で、この５カ国で８割以上を占めている。中国輸出が前年に比べ、約２倍に増加したことによるものである。切り花の2030年目標は46億円となっている。

その他、球根類を2.3億円（＋21.0％）をオランダ、中国へ輸出している。2030年の目標は４億円である。

２．輸出強化戦略

農林水産物・食品の更なる輸出拡大に向けて、「食料・農業・農村基本計画」（令和２年３月閣議決定）において、2025年までに２兆円、2030年までに５兆円とする輸出額目標を設定された。

2021年に輸出額１兆円を達成したところであり、引き続き「農林水産物・食品の輸出拡大実行戦略」（2021年12月改訂）に基づき、目標達成に向け、政府一体となってあらゆる施策を講じることとしている。

３つの基本的な考え方と具体的な施策として、以下を挙げている。

１．日本の強みを最大限に生かす品目別の具体的目標を設定
　　① 輸出重点品目（27品目）と輸出目標の設定
　　② 重点品目に係るターゲット国・地域、輸出目標、手段の明確化
　　③ 品目団体の組織化と海外における国の支援体制の整備
２．マーケットインの発送で、輸出にチャレンジする農林水産事業者を後押し
　　① リスクを取って輸出に取り組む事業者へのリスクマネーの供給を後押し
　　② 専門的・継続的に輸出に取り組む「輸出産地」を具体化、輸出産地形成を重点的に支援
　　③ 大ロット・高品質・効率的な輸出物流の構築のため、港湾等の利活用、輸出物流拠点の整備
３．省庁の垣根を超え、政府一体として輸出の障害を克服
　　① 輸出本部の下、政府一体となった規制の緩和・撤廃の取り組み
　　② 輸出先国の規制やニーズに対応したHACCP施設等の整備目標の設定、目標達成に向けた認定迅速化

この方針に従って、果樹分野では、りんご、ぶどう、もも、かんきつ、かき・かき加工品を輸出重点品目と選定するほか、輸出に取り組む産地をリスト化し、輸出産地の形成に必要な施設整備等を重点的に支援することとした。

そして、りんご（７産地）、ぶどう（５産地）、もも（６産地）、かんきつ（14産地）、かき・かき加工品（10産地）が2021年12月時点で、リスト化された。

さらに、果樹の生産から販売に至る関係事業者を構成員とする「日本青果物輸出促進協議会」をオールジャパンでの輸出拡大の中心的な役割を担う「品目団体」として位置付けられた。この団体は、JA、県輸出協議会、卸売会社、輸出業者等の67団体により構成され、2015年５月に設立された団体である。

また、輸出の取組に向けた支援策として、グローバル産地づくり推進事業（輸出事業計画の策定・実行等の輸出産地の形成支援）、インポートトレランス申請支援事業（輸出先国・地域での残留農薬基準値設定の申請支援）、青果物輸出産地体制強化加速化事業（輸出先国・地域の規制に対応した生産体制や流通体制強化支援）がソフト的支援として行われる。

さらに、施設等整備支援として、農産物等輸出拡大施設整備事業（国産農産物等の輸出の拡大に必要な集出荷貯蔵施設等の整備支援）が行

われることとなった。ここでは、輸出先国が求めるスペックの安定供給に向けた産地連携体制の形成、JETRO・JFOODOとの連携によるマーケティング・プロモーション活動、国内産地と輸出先国の実需者等を繋ぐ輸出事業者等との連携、統一マークの活用等によるジャパンブランド形成・認知・浸透に向けた活動などが行われる。

　輸出先国等の規制への対応として、残留農薬基準への対応で、インポートトレランス申請支援事業による支援件数が、台湾：67件、アメリカ：7件、カナダ：1件75件（平成27年度以降）となっている。

　また、輸出解禁等に向けた植物検疫協議として、ベトナム向けうんしゅうみかんの輸出解禁（2021年10月1日）、米国向けメロンの輸出解禁（2021年11月8日）などが行われた。

3．青果物輸出関連の研究強化

　輸出に関連して、輸送技術、鮮度保持技術だけでなく、国内の生産基盤を充実させようと、研究面からのサポートも行われている。2021年の補正事業「スマート農業技術の開発・実証・実装プロジェクト」、2020年の補正事業「国際競争力強化技術開発プロジェクト」などがなどが新たに行われている。

　また、2016年から2020年までに、地域戦略研究プロジェクト、経営体プロジェクト、先導プロジェクトなどで、輸出関連の研究が行われた。研究課題と代表研究機関について以下に紹介する。

(1) 戦略的スマート農業技術等の開発・改良
（1）いちごの輸出拡大を図るための大規模安定生産技術の開発
（2）かんしょ輸出産地を支えるサツマイモ基腐病総合的防除体系の開発
（3）カンキツ輸出に向けた高糖度果実安定生産技術と鮮度保持技術の確立
（4）ばれいしょの輸出を促進するジャガイモシストセンチュウ類低減・管理技術の開発
（5）輸出拡大に直結する青果用かんしょの出荷行程における腐敗低減技術の開発
（6）地域に応じた有機農業技術の体系化・

省力除草、安定生産の水田有機栽培体系の実証と支援アプリケーションの開発

(2) 国際競争力強化技術開発プロジェクト
　国際競争力強化技術開発プロジェクトは大きく2つの柱（革新的スマート農業技術開発、輸出促進のための新技術・新品種開発）で構成され、農研機構が事業実施主体となり、民間団体等への委託により実施される事業である。事業期間は、令和3年度〜令和5年度の3年間である。

（1）革新的スマート農業技術開発
a．新たなスマート農業技術開発
　・安全安心な農業用ハイスペックドローン及び利用技術の開発
　・農作物に適したロボットアーム等を活用した農作業自動化技術の開発
　・AIを活用したスマート除草システムの開発
　・農地基盤のデジタル化によるスマート農業の機能強化技術の開発
b．革新的営農支援モデル開発
（2）輸出促進のための新技術・新品種開発
a．和牛肉における生産力の強化や肉質改良技術
b．果樹・野菜・茶及びそれらの加工品における品種・系統、栽培・保存・防除技術
c．米粉における生産技術体系
d．その他農産物における品種・系統又は栽培技術
　・春節に向けたシャインマスカット輸出を拡大する長期保存技術の開発
　・高肉モモ等の輸送に適した桃品種・系統の育成及び最適な軟化制御・鮮度保持技術の開発
　・省力樹形に適した果樹品種・系統の剪定と最適な栽培管理方法の開発
　・二番茶・秋冬番茶の輸出を可能とするIPM体系の開発
　・日本品種の優れた品質と輸送性を持つ輸出向け種子繁殖型ジャパンブランドイチゴの開発
　・イチゴ炭疽病耐病性品種の耐性機構解明と減農薬栽培技術の開発

・業務加工用向け大玉タマネギ系統の育成と
　大玉生産技術の開発
・国際競争力を強化する果樹茶新品種育成
・国際競争力強化へ向けたかんしょ生産の安
　定化と高品質化に係る系統の育成と栽培
　技術の開発

(3)終了課題

【地域戦略】（2016年〜2018年）

◎生果実（いちご）の東南アジア・北米等への
　輸出を促進するための輸出相手国の残留農
　薬基準値に対応したIPM体系の開発ならび
　に現地実証（農研機構・野菜花き）

◎植木類の輸出における線虫事故を防止する技
　術の開発及び実証（農研機構・中央農研）

◎和食ブームを支えるワサビの施設化による超
　促成・高付加価値生産技術の実証（山口県
　農林総合技術センター）

◎タマネギの大型コンテナを導入した搬送、乾
　燥、貯蔵体系の確立による生産拡大・輸出
　戦略（兵庫県立農林水産技術総合センタ
　ー）

◎日本の伝統花きセンリョウの輸出を見据えた
　輸送及び病害虫対策技術の確立（茨城県農
　業総合センター）

◎国際競争力強化と輸出拡大のための超大玉オ
　ウトウ生産・加工技術開発（山形県農業総
　合研究センター園芸試験場）

◎果物の東アジア、東南アジア輸出を促進する
　ための輸出国ニーズに適合した生産技術開
　発及び輸出ネットワークの共有による鮮度
　保持・低コスト流通・輸出技術の実証研究
　（岡山大学）

◎日本ワインの競争力強化に向けたブドウ栽培
　及びワイン醸造技術の実証研究（酒類総合
　研究所）

◎モモの検疫検査及び箱詰め作業等の自動化に
　よる作業負担と人件費の軽減の実証研究事
　業（山梨大学）

◎農産物輸出拡大にむけた産地広域連携モデル
　の構築と混載輸送用コンテナの開発および
　革新的輸出用ケース・鮮度保持技術を組合
　せた大量輸送グローバルコールドチェーン
　の確立（農研機構・九州大学・佐賀大学）

◎輸出に向けたSCS（スーパークーリングシス
　テム）によるカキ‘西条’の長期貯蔵法の
　開発（島根大学）

◎完熟イチジクの香港等輸出を促進するための
　高品質果実生産技術及び流通技術体系の開
　発（兵庫県立農林水産技術総合センター）

◎果実の海外輸送に適した高機能鮮度保持パッ
　ケージ技術の開発　（山形大学）

◎近赤外光照射等を利用した高知県産ユズの輸
　出拡大および主要園芸野菜の革新的品質向
　上体系の開発（高知県農業技術センター）

◎イチゴの省エネ栽培・収量予測・低コスト輸
　送技術の融合による販売力・国際競争力の
　強化（九州大学）

◎収穫後品質の向上と機能性を活かした加工品
　の展開による国産レンコンのブランド力強
　化プロジェクト（茨城大学）

◎中山間地域振興のための地域特産JAPAN
　ブランド花きの輸出拡大を目指す総合生産
　技術体系の確立（宮崎県総合農業試験場）

【経営体プロジェクト】（2017年〜2020年）

◎輸出のための球根類ネット栽培体系の確立・
　普及（富山県花卉球根農業協同組合）

◎マツ盆栽等の輸出解禁・緩和に必要となる病
　害虫防除方法の開発（香川県農業試験場病
　害虫防除所）

◎未完熟果実を用いた革新的鮮度保持技術の開
　発（千葉大学）

【先導プロジェクト】（2016年〜2020年）

◎国産果実の新たな需要を喚起する育種素材の
　創出および加工技術の開発（農研機構）

◎国産果実の供給期間拡大を目指した鮮度保
　持・栽培技術の開発　（農研機構）

◎茶における輸出相手国の残留農薬基準値に対
　応した防除技術の開発　（農研機構）

◎海外市場の飛躍的拡大を目指す高品質抹茶の
　低コスト製造技術およびカフェインレス茶
　系統の開発（農研機構）

4．青果物の輸入

（1）野　菜

　近年における野菜の輸入量は、減少傾向にあり、生鮮は70～90万t、加工品は190万t程度、合わせて260～280万トン程度となっている。

　生鮮野菜（71万t）の主な輸入品目は、たまねぎ（輸入量に占める割合；31％）、かぼちゃ（13％）、にんじん（12％）、ばれいしょ（7％）、ごぼう（6％）の5品目であり、これら5品目で約7割を占めている。

　たまねぎは234.6千t（対前年比−6.6％；中国、アメリカ、ニュージーランド）、かぼちゃ92.1千t（+0.8％；ニュージーランド、メキシコ）、にんじん74.7千t（−11.5％；中国、ベトナム、台湾）、ごぼう47.0千t（+16.1％；中国、台湾）、ねぎ44.4千t（−15.8％；中国、ベトナム）、ピーマン33.0千t（−10.4％；韓国、ニュージーランド、オランダ）、キャベツ14.2千t（−56.1％；中国、アメリカ、ベトナム）となっている。

　加工品としては、トマトピューレ・ペースト135.9千t（−5.7％）がアメリカ、ポルトガル、スペインから、トマト調製品108.2千t（−8.5％）がイタリア、アメリカ、スペインから、たけのこ調製品63.2千t（+5.0％；中国、台湾、ベトナム）、スイートコーン56.8千t（−2.0％）がタイ、アメリカ、ニュージーランド、トマトケチャップ6.4t（−0.3％）がオランダ、メキシコ、アメリカから輸入されている。野菜ジュースは48.2千t（−3.1％；アメリカ、ニュージーランド、ポーランド）が輸入されている。

　また、冷凍ばれいしょ262.6千t（+3.2％）がアメリカ、ベルギー、カナダから、冷凍ブロッコリー65.1千t（+11.0％）がエクアドル、中国、グアテマラから、冷凍えだまめ64.3千t（−9.7％）が台湾、タイ、中国から、冷凍ほうれんそう49.2千t（+2.4％）が中国、イタリア、台湾から、冷凍スイートコーン47.5千t（−0.2％）がアメリカ、タイ、ニュージーランドから輸入されている。

（2）果　実

　生鮮、加工品を含めた果実全体の輸入量は、2004年をピークに減少から横ばい基調にあり、最近では生鮮が180～190万t程度,加工品が80万t程度で推移している。

　生鮮果実（184万t）のうち、バナナ、パインアップル、キウイフルーツ、オレンジ、アボカド、グレープフルーツの6品目で約160万t（約9割）を占めている。また、加工品（74万t）のうち、ジュースや缶詰で約50万t（約7割）を占めている。

　2021年に輸入された生鮮果実184万tのうち、バナナが60％、パインアップル10％、キウイフルーツ6％、オレンジ4％、アボカド4％、グレープフルーツ3％となっている。

　バナナ1109.4千t（対前年比+3.8％）、パインアップル180.5千t（+14.9％）が主にフィリピンから、キウイフルーツ118.2千t（+4.2％）がニュージーランドから、オレンジ81.5千t（−12.3％）がアメリカ、オーストラリア、南アフリカから、アボカド76.7千t（−3.6％）がメキシコ、ペルーから、グレープフルーツ51.3千t（−18.1％）が南アフリカ、アメリカ、イスラエルから輸入されている。

　果実加工品については、りんごジュース72.1千t（−0.8％）が中国から、ぶどうジュース44.0千t（+7.8％）がチリ、アルゼンチン、アメリカから、オレンジジュース42.7千t（−46.0％）がブラジル、メキシコ、イスラエルから、もも缶詰42.4千t（−1.6％）が中国から、パインアップル缶詰33.2千t（+15.2％）がフィリピン、タイ、インドネシアから、ぶどう（乾燥品）31.6千t（−0.2％）がアメリカから輸入されている。

（3）花　き

　花きの輸入は、切り花類が大半を占め、関税が廃止された1985年以降増加傾向にあり、主な相手国は中国、コロンビア、マレーシアである。1985年には1.2億本（花き国内流通量に占める輸入割合3％）、1995年6.6億本（11％）、2005年10.4億本（17％）、2015年12.7億本（25％）、2017年13.4億本（27％）、2018年13.6

億本（28%）と、本数も国内の流通に占める割合も年々増加している。

2020年には、カーネーションが3.59億本（カーネーション国内流通量全体に占める割合64%）で、コロンビア（輸入量に占める割合68%）、中国（22%）、エクアドル（8%）となっている。

次いで、キクが3.08億本（国内流通量に占める輸入割合19%）で、マレーシア（50%）、ベトナム（32%）、中国（17%）から輸入されている。

バラは3,600万本（国内流通量に占める輸入割合15%）が輸入されており、ケニア（42%）、エチオピア（22%）、コロンビア（9%）の順となっている。

ユリは300万本（国内流通量に占める輸入割合3%）が輸入され、韓国（84%）、ベトナム（12%）、エクアドル（3%）の順となっている。

鮮度保持技術の開発により、日持ちなどの品質が向上し、カーネーション、キクの増加が顕著となっている。

2021年には、球根が303 t、6,042億円（＋6.8%、＋18.0%）がオランダ、ニュージーランド、チリから、種が13,260 t、24,536億円

（－3.4%、＋4.7%）がチリ、アメリカ、中国から輸入されている。

参考資料

・農水省：果樹をめぐる情勢（令和4年8月）
・農水省：野菜をめぐる情勢（令和4年4月）
・農水省：花きの現状について（令和4年2月）
・農水省：令和3年度農林水産物・食品の輸出実績（令和4年3月）
・農水省：農林水産物輸出入概況（2021年）（令和4年3月）農水省国際部国際経済課
・農水省：農林水産物・食品の輸出拡大実行戦略フォローアップについて（令和3年7月）

表1 青果物およびその加工品の輸出

	2020年		2021年		対前年比		上位3カ国		
	数量	金額	数量	金額	数量	金額	1位	2位	3位
果　実	36,293	22,545	49,380	31,293	36.1	41.1	台湾	香港	タイ
うんしゅうみかん	1,138	587	1,698	944	7.3	12.4	香港	台湾	シンガポール
ぶどう	1,712	4,118	1,837	4,629	7.3	12.4	台湾	香港	シンガポール
メロン	941	812	1,109	1.066	17.8	31.3	香港	シンガポール	マカオ
りんご	26,927	10,702	37,729	16,212	40.1	51.5	台湾	香港	タイ
なし	1,189	763	1,313	961	10.5	25.9	香港	台湾	タイ
もも	1,599	1,871	1,926	2,322	20.5	24.1	香港	台湾	シンガポール
いちご	1,179	2,630	1,776	4,061	50.6	54.4	香港	台湾	シンガポール
かき	729	441	645	440	△11.6	△0.1	香港	タイ	シンガポール
くり	533	192	732	383	37.2	99.9	中国	香港	カンボジア
果実缶・ビン詰	15,442	9,606	18,960	11,966	22.8	24.6	アメリカ	香港	中国
果汁	9,138	3,774	10,839	4,689	18.6	24.2	中国	香港	アメリカ
その他果実調製品	386	155	205	183	△47.0	17.8	香港	フランス	アメリカ
野　菜	49,696	2,745	11,012	1,507	△77.8	△45.1	香港	台湾	シンガポール
キャベツ	1,669	358	1,938	327	16.1	△8.7	香港	シンガポール	台湾
レタス	6	4	29	6	430.4	70.9	台湾	香港	―
だいこん・ごぼう	665	160	769	231	15.7	44.5	香港	シンガポール	アメリカ
きのこ	1,049	539	1,173	632	11.8	17.2	香港	アメリカ	台湾
乾燥野菜	47	91	121	156	154.9	72.0	台湾	アメリカ	中国
乾しいたけ	33	220	41	255	23.1	15.9	アメリカ	香港	台湾
かんしょ	5,268	2,062	5,603	2,333	6.4	13.1	香港	タイ	シンガポール
ながいも	5,992	2,129	6,773	2,314	13.0	8.7	台湾	アメリカ	シンガポール
その他野菜調製品	7,188	5,044	8,809	6,602	22.6	30.9	中国	アメリカ	香港
冷凍野菜	1,412	655	1,884	919	33.5	40.3	香港	台湾	アメリカ
植木等	...	10,552	...	6,931	...	△34.3	中国	ベトナム	香港
苗物類	...	340	...	355	...	4.3	台湾	アメリカ	オランダ
球根　（TH）	626	64	594	49	△5.1	△22.9	オランダ	ブラジル	アメリカ
切り花	214	811	392	1344	83.2	65.7	中国	アメリカ	韓国
播種用の種・果実	898	12,516	613	12,422	△31.7	△0.8	中国	デンマーク	アメリカ

（数量は t 、金額は百万円）

表2　青果物の輸入（野菜およびその加工品）

	2020年 数量	2020年 金額	2021年 数量	2021年 金額	対前年比 数量	対前年比 金額	上位3カ国 1位	上位3カ国 2位	上位3カ国 3位
野　菜	667,001	72,972	663,320	79,141	△0.6	8.2	中国	韓国	メキシコ
トマト	8,743	3,734	8,389	3,711	△4.0	△0.6	韓国	カナダ	メキシコ
たまねぎ	219,961	10,427	234,585	14,028	6.6	34.5	中国	アメリカ	ニュージーランド
にんにく	22,832	5,219	24,480	5,952	7.2	14.1	中国	スペイン	アメリカ
ネギ	52,769	6,535	44,429	7,228	△15.8	10.6	中国	ベトナム	―
結球キャベツ	32,391	1,256	14,224	555	△56.1	△55.8	中国	アメリカ	ベトナム
ブロッコリー	7,066	1,658	5,799	1,421	△17.9	△14.3	アメリカ	メキシコ	中国
はくさい	5,591	296	1,344	69	△76.0	△76.7	中国	韓国	―
結球レタス	7,941	1,049	6,033	882	△24.0	△16.0	台湾	アメリカ	韓国
チコリー	2,269	805	1,982	770	△12.7	△4.3	アメリカ	メキシコ	イタリア
にんじん・かぶ	84,449	3,593	74,726	3,805	△11.5	5.9	中国	ベトナム	台湾
ごぼう	40,504	2,313	47,019	3,042	16.1	31.5	中国	台湾	―
えんどう	870	478	850	520	△2.4	8.7	ペルー	中国	グアテマラ
いんげん豆	890	372	568	293	△36.2	△21.2	オマーン	メキシコ	アメリカ
アスパラガス	9,307	6,119	9,037	5,816	△2.9	△5.0	メキシコ	オーストラリア	ペルー
セルリー	6,117	654	4,487	617	△12.3	△5.7	アメリカ	メキシコ	―
しいたけ	1,784	502	1,988	552	11.4	10.0	中国	―	―
ピーマン	36,804	12,959	32,959	12,273	△10.4	△5.3	韓国	ニュージーランド	オランダ
かぼちゃ	91,410	7,905	92,100	8,543	0.8	5.8	ニュージーランド	メキシコ	ニューカレドニア
その他野菜	6,160	3,759	5,030	3,668	△18.3	△2.4	フィリピン	タイ	中国
カッサバいも	15,376	1,440	19,296	1,591	25.5	10.6	中国	タイ	ベトナム
さといも	3,598	366	3,871	378	7.6	3.2	中国	―	―
ばれいしょ	23,198	1,424	47,390	3,199	104.3	124.7	アメリカ	―	―
乾燥野菜	34,399	25,938	36,323	27,108	5.6	4.5	中国	アメリカ	エジプト
たけのこ	1,793	3,836	1,835	3,945	2.4	2.8	中国	ベトナム	台湾
しいたけ	4,354	4,903	4,575	5,235	5.1	6.8	中国	香港	ベトナム
野菜缶・ビン詰め	693,386	122,376	669,038	129,019	△3.5	5.4	中国	アメリカ	イタリア
トマトピューレ	144,031	16,932	135,889	17,102	△5.7	1.0	アメリカ	ポルトガル	スペイン
トマト(調製品)	118,295	13,647	108,186	14,222	△8.5	4.2	イタリア	アメリカ	スペイン
トマトケチャップ	6,418	804	6,399	873	△0.3	8.6	オランダ	メキシコ	アメリカ
アスパラガス缶詰	941	401	732	319	△22.2	△20.4	中国	ペルー	スペイン
たけのこ調製品	60,237	13,140	63,235	14,405	5.0	9.6	中国	台湾	ベトナム
マッシュルーム	5,454	1,292	5,412	1,280	△0.8	△0.9	中国	インドネシア	イタリア
スイートコーン	58,033	10,389	56,845	10,602	△2.0	2.1	タイ	アメリカ	ニュージーランド
野菜ジュース	49,698	12,844	48,165	13,061	△3.1	1.7	アメリカ	ニュージーランド	ポーランド
その他野菜調製品	1,161,150	209,734	1,194,858	225,945	2.9	7.7	中国	アメリカ	タイ
冷凍野菜	1,033,989	187,074	1,073,908	203,846	3.9	9.0	中国	アメリカ	タイ
枝豆	71,122	15,926	64,250	14,883	△9.7	△6.5	台湾	タイ	中国
ほうれん草	48,053	7,451	49,207	8,252	2.4	8.2	中国	イタリア	台湾
スイートコーン	47,583	7,767	47,494	8,252	△0.2	6.3	アメリカ	タイ	ニュージーランド
ブロッコリー	58,619	11,962	65,070	13,759	11.0	15.0	エクアドル	中国	グアテマラ
ばれいしょ	254,484	31,601	262,620	35,453	3.2	12.2	アメリカ	ベルギー	カナダ
わらび	1,279	304	1,301	313	1.7	2.9	ロシア	中国	―

（数量は t 、金額は百万円）

表3 青果物の輸入（果実およびその加工品）

	2020年 数量	2020年 金額	2021年 数量	2021年 金額	対前年比 数量	対前年比 金額	上位3カ国 1位	上位3カ国 2位	上位3カ国 3位
果　実	1,864,791	346,894	1,915,112	357,915	2.7	3.2	フィリピン	アメリカ	ニュージーランド
バナナ	1,068,356	105,213	1,109,356	107,551	3.8	2.2	フィリピン	エクアドル	メキシコ
パインアップル	157,033	13,390	180,482	16,628	14.9	24.2	フィリピン	台湾	インドネシア
レモン	44,958	9,213	42,527	8,802	△5.4	△4.5	アメリカ	チリ	ニュージーランド
ライム	1,825	932	1,626	863	△10.9	△7.5	メキシコ	アメリカ	ニュージーランド
オレンジ	92,909	14,157	81,460	13,373	△12.3	△5.5	アメリカ	オーストラリア	南アフリカ
グレープフルーツ	62,685	8,207	51,341	6,468	△18.1	△21.2	南アフリカ	アメリカ	イスラエル
すいか	670	154	1,068	200	59.4	30.2	アメリカ	オーストラリア	メキシコ
メロン	17,183	2,339	13,902	2,499	△19.1	6.8	オーストラリア	ホンジュラス	メキシコ
りんご	7,446	1,797	8,284	2,134	11.3	18.8	ニュージーランド	―	―
さくらんぼ	4,262	4,818	5,828	6,292	36.7	30.6	アメリカ	チリ	カナダ
ぶどう	44,370	14,145	36,672	12,756	△17.3	△9.8	アメリカ	チリ	オーストラリア
ぶどう（乾燥）	31,648	9,012	31,574	9,510	△0.2	5.5	アメリカ	トルコ	オーストラリア
くり	4,261	2,383	5,128	3,427	20.4	43.8	韓国	中国	イタリア
くるみ	18,826	14,621	22,527	14,445	19.7	△1.2	アメリカ	チリ	中国
スイートアーモンド	38,704	27,742	42,570	24,261	10.0	△12.5	アメリカ	オーストラリア	スペイン
キウイフルーツ	113,432	49,968	118,221	50,377	4.2	2.9	ニュージーランド	アメリカ	チリ
いちご	3,318	3,918	3,318	3,918	△2.0	8.3	アメリカ	オランダ	イギリス
マンゴー	6,720	3,148	8,885	4,188	32.2	33.0	メキシコ	台湾	タイ
パパイヤ	990	314	1,062	304	7.3	△3.2	フィリピン	アメリカ	台湾
アボカド	79,560	23,921	76,694	24,389	△3.6	2.0	メキシコ	ペルー	アメリカ
マンダリン	21,611	3,948	22,504	4,421	4.1	12.0	アメリカ	オーストラリア	ペルー
カシューナッツ	11,592	9,635	13,384	11,259	15.5	16.8	インド	ベトナム	カンボジア
ピスタチオ	2,190	2,828	3,407	4,642	55.6	64.1	アメリカ	イラン	イタリア
マカデミアナッツ	2,571	5,142	2,617	5,305	1.8	3.2	オーストラリア	南アフリカ	ケニア
果実・缶びん詰	544,430	118,659	514,699	119,451	△5.5	0.7	中国	アメリカ	タイ
ジャム	3,451	1,341	4,040	1,698	17.0	26.6	フランス	デンマーク	中国
ピューレ・ペースト	7,517	1,111	9,052	1,483	20.4	33.4	オーストラリア	チリ	メキシコ
パインアップル缶詰	28,832	4,130	33,228	5,303	15.2	28.4	フィリピン	タイ	インドネシア
モモ缶詰	43,070	6,240	42,393	6,533	△1.6	4.7	中国	南アフリカ	ギリシャ
ウメ（調製品）	5,940	3,194	5,759	3,075	△3.0	△3.7	中国	ベトナム	韓国
オレンジジュース	79,164	15,927	42,720	9,057	△46.0	△43.1	ブラジル	メキシコ	イスラエル
グレープフルーツジュース	15,036	5,180	12,977	4,454	△13.7	△14.0	イスラエル	南アフリカ	アメリカ
パインアップルジュース	11,499	1,940	7,342	1,597	△36.1	△17.7	フィリピン	タイ	コスタリカ
レモンジュース	21,971	6,867	22,416	7,111	2.0	3.6	イタリア	イスラエル	アルゼンチン
ぶどうジュース	40,825	8,615	44,013	10,207	7.8	18.5	チリ	アルゼンチン	アメリカ
りんごジュース	72,691	10,376	72,084	10,653	△0.8	2.7	中国	南アフリカ	チリ
その他果実・ナッツ調製品	192,353	67,680	197,780	76,030	2.8	12.3	中国	ベトナム	アメリカ
パインアップル（冷凍）	2,177	580	2,732	751	25.5	29.5	フィリピン	コスタリカ	ベトナム

（数量は t 、金額は百万円）

Ⅲ. 特集
「with/post コロナにおける農産物流通」

Ⅲ．特集「with/post コロナにおける農産物流通」

1．農林水産物・食品の輸出拡大実行戦略について

農林水産省 輸出・国際局輸出企画課　木村 好克

1．はじめに

　日本の農林水産物・食品の輸出額は、2012 年の約 4,497 億円から倍増し、2021 年には、1 兆円を突破した。背景には、アジアを中心に海外の消費者の所得が向上し、日本の農林水産物・食品の潜在的購買層が増えるとともに、訪日外国人の増加等を通じて日本の農林水産物・食品の魅力が海外に広まったなどの環境変化がある。その中で、国内の農林水産事業者を中心とする関係者が様々な形で輸出事業に取り組み、成果を挙げつつある。

　政府は、2019 年 4 月には、農林水産物・食品の輸出拡大のための輸入国規制への対応等に関する関係閣僚会議（以下「関係閣僚会議」という。）を設置し、「農林水産物及び食品の輸出の促進に関する法律」（令和元年法律第 57 号。以下「輸出促進法」という。）に基づき政府一体となって輸出先国・地域との規制に係る協議等を行う体制を整備するなど、輸出促進の取組を進めてきた。

　さらに、これまでの輸出拡大の成果を踏まえ、「食料・農業・農村基本計画」（令和 2 年 3 月 31 日閣議決定）などにおいて、2025 年までに 2 兆円、2030 年までに 5 兆円という輸出額目標を設定している。

　この目標を実現するためには、これまでの国内市場のみに依存する農林水産業・食品産業の構造を、成長する海外市場で稼ぐ方向に転換することが不可欠であり、そうした認識のもとに政府は農林水産物・食品の輸出拡大実行戦略を本年 6 月に改訂した。本稿では、この輸出拡大実行戦略をご紹介したい。

2．マーケットイン輸出への転換

　日本の農林水産物・食品の輸出割合は他国と比較しても低く、国内市場依存型となっているため、これまでの輸出事業は、生産者が国内市場向けに生産した産品の余剰品を、輸出できる国だけに輸出するビジネスモデルが主流であった。しかし、そうした輸出事業では、そもそも日本の農林水産物・食品への認知度が低く、しばしば日本人と異なる嗜好を持つ海外の消費者に求められる産品は限られる。海外現地での販路も、現地が要求するスペック（量・価格・品質・規格）で継続的に提供できなければ一般小売店の棚を確保できないため、日本の農林水産物・食品を積極的に調達しようとする日系・アジア系の小売店・外食等に限定されているのが実態である。さらに、輸出先国・地域の衛生検疫規制や規格基準に合わない産品は全く輸出できないため、潜在的なニーズはあっても多くの産品が輸出できていない。世界の農林水産物・食品市場が拡大する中で、輸出増のポテンシャルは高いものの、こうした壁を打破し、海外市場に商流を拓き新たな稼ぎ方を常に模索し続けなければ、拡大する海外市場に広く浸透していくことは困難である。

　したがって、今後、日本の農林水産物・食品の輸出拡大を加速する上で最も必要なことは、海外市場で求められるスペック（量・価格・品質・規格）の産品を専門的・継続的に生産・輸出し、あらゆる形で商流を開拓する体制の整備である。換言すると、生産から現地販売までのバリューチェーン全体を、「プロダクトアウト」から「マーケットイン」に徹底的に転換する必要がある。

農林水産物・食品の輸出拡大実行戦略（Ｒ４年６月改訂）について

戦略の趣旨

○ 2025年2兆円・2030年5兆円目標の達成は、海外市場で求められるスペック（量・価格・品質・規格）の産品を専門的・継続的に生産・販売する（＝「マーケットイン」）体制整備が不可欠

改訂の概要

○ 輸出促進法等の一部改正法の成立（Ｒ４年5月19日）等を踏まえ、Ｒ４年度に実施する施策、Ｒ5年度以降の実施に向け検討する施策について、その方向性を決定

３つの基本的な考え方と具体的施策

１．日本の強みを最大限に発揮するための取組	２．マーケットインの発想で輸出にチャレンジする事業者の支援	３．政府一体となった輸出の障害の克服
①輸出重点品目(28品目)と輸出目標の設定 ②輸出重点品目に係るターゲット国・地域、輸出目標、手段の明確化 ③品目団体の組織化とその取組の強化 ④輸出先国・地域における専門的・継続的な支援体制の強化 ⑤JETRO・JFOODOと認定農林水産物・食品輸出促進団体等の連携 ⑥日本食・食文化の情報発信	⑦リスクを取って輸出に取り組む事業者への投資の支援 ⑧マーケットインの発想に基づく輸出産地・事業者の育成・展開 ⑨大ロット・高品質・効率的な輸出等に対応可能な輸出物流の構築 ⑩輸出を後押しする農林水産事業者・食品事業者の海外展開の支援	⑪輸出先国・地域における輸入規制の撤廃 ⑫輸出加速を支える政府一体としての体制整備 ⑬輸出先国・地域の規制やニーズに対応した加工食品等への支援 ⑭日本の強みを守るための知的財産対策強化

４．国の組織体制の強化

３．日本の強みを最大限に発揮するための取組

　農林水産物・食品の輸出が多い、いわゆる輸出先進国・地域では、その国が強みを持つ品目について、生産から販売までの幅広い関係事業者によって組織化された「品目団体」が存在し、業界が一体となって、対象品目の輸出促進に向けたプロモーション、ブランド化、品質向上のための基準作成等を行っている。

　他方、日本の輸出品目は、加工食品を中心に多岐にわたっており、それぞれの輸出額は小さい。これは、マーケットインによる輸出の体制が整備されていないためであり、今後の輸出拡大に当たっては、海外で評価される日本の強みがある品目を中心に輸出を加速させ、その波及効果として、全体の輸出を伸ばすことを目指すべきである。

　このため、日本の強みを有する品目として選定した輸出重点品目について、品目毎のターゲット国・地域への具体的な輸出目標の達成に向けて、政策資源を重点的に投入することとしている。

　現在、海外で評価される日本の強みがあり、輸出拡大の余地が大きく、関係者が一体となった輸出促進活動が効果的な品目として28の品目を輸出重点品目に選定している。それは、牛肉、豚肉、鶏肉、鶏卵、牛乳・乳製品、果樹（りんご、ぶどう、もも、かんきつ、かき・かき加工品）、野菜（いちご、かんしょ等）、切り花、茶、コメ・パックご飯・米粉及び米粉製品、製材、合板、ぶり、たい、ホタテ貝、真珠、清涼飲料水、菓子、ソース混合調味料、味噌・醤油、清酒（日本酒）、ウイスキー並びに本格焼酎・泡盛である。

　これら重点品目については、輸出拡大を重点的に目指す主なターゲット国・地域毎の輸出目標を設定し、現地での販売を伸ばすための課題とその克服のための取組を明確化し、戦略にまとめている。

　また、後述する改正輸出促進法のもとでオールジャパンによる輸出促進活動を行う体制を備えた団体（農林水産物・食品輸出促進団体、いわゆる品目団体）を認定し、業界一体となって当該品目の輸出拡大に取り組むこととして

いる。

　日本の強みがある品目の輸出を拡大するためには、オールジャパンでの取組に加えて、輸出先国・地域における専門的・継続的な支援も重要である。これまでも在外公館、ＪＥＴＲＯ海外事務所、ＪＦＯＯＤＯ海外駐在員による事業者に対する支援は存在していたが、今後はこれら組織を主な構成員とする輸出支援プラットフォームが現地で食品産業等に精通した人材をローカルスタッフとして速やかに雇用・確保活用し、輸出先国・地域において輸出事業者を包括的・専門的・継続的に支援することとしている。

　このプラットフォームは、これまでに米国、EU、シンガポール、タイ、ベトナムにおいて立ち上げてきており、2023年度までに8カ国・地域に設立することを目標としている。

　同プラットフォームは、輸出先国・地域の規制、消費者の嗜好、ニーズなどを「カントリーレポート」としてまとめ、輸出を目指す事業者に情報提供すること、「ジャパンウィーク」を開催するなど現地主導でのプロモーションを推進すること、地方公共団体による活動を把握してオールジャパンでのプロモーション戦略を立案すること、現地法律事務所と連携した法的アドバイスを提供すること等をそのミッションとしており、これにより輸出にチャレンジする事業者に対する支援体制が強化される。

輸出先国・地域における専門的・継続的な支援体制の強化

農林水産物・食品の輸出拡大実行戦略（農林水産物・地域の活力創造本部、令和4年6月改訂）において、輸出支援プラットフォームについて以下のとおり明記。

○ 在外公館、ＪＥＴＲＯ海外事務所、ＪＦＯＯＤＯ海外駐在員を主な構成員とする輸出支援プラットフォームでは、現地で食品産業等に精通した人材をローカルスタッフとして速やかに雇用・確保し、輸出先国・地域において輸出事業者を包括的・専門的・継続的に支援する。

○ まずは、2023年度までに米国、ＥＵ、タイ等の8カ国・地域において輸出支援プラットフォームを立ち上げ、順次、市場として有望な重点都市に設立

○ プラットフォーム設置候補都市

主要な輸出先国・地域	プラットフォーム設置都市候補
米国	ロサンゼルス
	ニューヨーク
EU	パリ
	ブリュッセル又はアムステルダム
ベトナム	ホーチミン
シンガポール	シンガポール
タイ	バンコク
中国	上海
	北京
	広州
	成都
香港	香港
台湾	台北

EU（フランス）(5月16日)　米国(NY, LA)(4月27日)　ベトナム(8月19日)　タイ(5月5日)　シンガポール(5月7日)
●……立上げ済
●……2023年度までに立上げ

1

４．輸出にチャレンジする農林水産事業者を後押し

　ここまで品目団体による活動や輸出先における支援体制について述べてきたが、輸出を拡大するために忘れてはならないのが、リスクを取って輸出向け産品の生産・輸出にチャレンジする事業者の存在である。

　現在は、輸出向けの生産を行う産地・事業者は少数であり、一部の事業者がマイナーな商流で輸出事業を行っているのが実態である。

結果として、大ロットでの取引や海外の小売棚の長期確保は難しく、流通コストも高くなる。この背景には、「輸出先国・地域海外の規制やニーズに対応する生産を行うには試行錯誤が必要であり、短期的には収入増につながらない」との事業者の声がある。したがって、自らリスクを取って、輸出先国・地域の規制やニーズに対応した輸出に取り組む産地・事業者等に対して、重点的な支援・環境整備を行うことが必要となっている。

農林水産物・食品の輸出については、輸出先国・地域の規制に対応した施設整備などの投資を行ってから収益化するまで一定期間を要するため、(株)日本政策金融公庫の貸付けや債務保証（スタンドバイ・クレジット）による長期・低利の設備資金、長期運転資金、海外展開に必要な資金等の積極的な活用を推進することとしている。また、輸出事業用資産にかかる所得税・法人税の特例（割増償却）の積極的な利用も推進する。

マーケットインの発想に基づく輸出産地・事業者の育成・展開も重要な課題となっている。

そこで輸出先国・地域のニーズや規制に対応した産品を、求められるスペック（量・価格・品質・規格）で継続的に提供するとともに、それを農林水産事業者の利益につなげるため、リスト化した主として輸出向けの生産を行う輸出産地（都道府県や業界団体等を通じて産地の意向を踏まえた結果、これまでに 28 の輸出重点品目で合計 1,192 産地・事業者を公表。）に対して、輸出産地の形成に必要な施設整備等を重点的に支援することとしている。

輸出産地・事業者の育成や支援に有効な GFP（農林水産物・食品輸出プロジェクト）については、会員が 6,000 を超え、輸出に対する経験・規模には大きな格差があるため、GFP がマーケットインの発想に基づく輸出産地・事業者の育成に重要な役割を果たしてきていることを認識し、多様化する輸出事業者のレベルに応じたサポート、認定農林水産物・食品輸出促進団体や輸出支援プラットフォームとの連携などの機能強化を図ることとしている。

「優良事例集は農林水産省 HP よりご覧ください：
https://www.maff.go.jp/j/shokusan/export/gfp/gfptop.html」

５．省庁の垣根を超え政府一体として輸出の障害を克服

マーケットイン輸出への転換に当たっては、海外現地での情報収集や売り込み、輸入規制等に係る政府間協議、食品安全管理、知的財産管理、流通・物流整備、研究開発など様々な関連分野で、政府による環境整備が不可欠である。例えば、海外でニーズがあるにも関わらず、日本からの輸入が規制されている、輸出先国・地域の規制に対応する国内の加工施設が少ない等の理由により輸出できない産品は依然として多い。また、輸出先国・地域における規制措置は強化される方向にあり、国内事業者がその都度対応を求められることがある。さらに、優れた産品を有しているにも関わらず、植物品種や家畜遺伝資源が流出し、海外事業者が利益を享受して、国内事業者の利益につながっていないケースもある。こうした輸出の障害を克服するため、政府一体で取り組む体制の整備を含めた取組を効果的に推進する。

輸出先国・地域における輸入規制の撤廃については、本年、英国やインドネシアが放射性物質に係る日本産農林水産物・食品への輸入規制を撤廃したところであるが、当該規制を維持している国・地域における規制の早期撤廃に向けて、外務省、厚生労働省、農林水産省等の関係省庁が農林水産物・食品輸出本部の下で政府一体となって、各国・地域に対し、あらゆる機会を捉え、より一層働きかけていくこととしている。また、輸出重点品目を中心に、規制導入に関する情報を現地で早期に収集し、国内に提供する体制を整えるとともに、輸出の障害となる輸出先国・地域の規制の撤廃等に向け、農林水産物・食品輸出本部の下で政府一体となって協議を行う。

加工食品等への支援については、輸出先国・地域の規制に対応するためのHACCP対応施設などの整備目標の達成に向けて、計画的な施設整備に対する支援を行うとともに、厚生労働省及び農林水産省が連携し、輸出促進法に基づく適合施設の認定を迅速に行うこととしている。

農林水産物及び食品の輸出の促進に関する法律等の一部を改正する法律（令和４年法律第49号）の概要　　　　　（令和４年５月25日公布）

１　品目団体の法制化

・ オールジャパンで輸出先国・地域のニーズ調査やブランディング等に取り組み、市場の開拓等を行う法人を、申請に基づき認定する仕組みを創設

２　輸出事業計画の支援策の拡充

・ 輸出事業計画の記載事項として、輸出事業に必要な施設の整備に関する事項を追加
・ 輸出事業計画の認定を受けた者に対する日本政策金融公庫の業務の特例として、輸出事業に必要な資金の貸付けを措置（資金使途の追加、償還期限の延長）
　※ 輸出事業計画に基づき行う施設等の整備に対する税制上（所得税・法人税）の特例を新設

３　民間検査機関による輸出証明書の発行

・ 国の登録を受けた民間検査機関が輸出証明書の発行を行える仕組みを創設

４　有機JAS制度の改善（JAS法改正）

・ JAS法を改正し、JAS規格の対象に有機酒類を追加
・ その他輸出促進に必要な事項を措置

５　施行日

・ 令和４年10月１日

加工食品の輸出の大きな障害である食品添加物規制については、引き続き、輸出先国・地域に対する食品添加物の認可申請を支援するとともに、早急に輸出を増加させる観点から、輸出先国・地域の規制に合った食品添加物の代替利用を促進するため、現状把握や代替品の調査を行うとともに、食品添加物規制に対応した新商品の開発を支援する。

６．輸出促進法の改正について

輸出拡大実行戦略をご紹介してきたが、最後に改正輸出促進法についてご紹介する。

我が国の農林水産物・食品の輸出については、日本食への世界的な関心の高まり等を背景に急増しており、昨年の輸出額は初めて一兆円に到達した。しかし、先述したとおり、更なる輸出の拡大を図るためには、マーケットインの発想で海外市場から求められる産品を専門的・継続的に生産し、輸出することが必要不可欠である。

このため、農林水産物・食品の需要開拓等を行う団体の組織化や事業者が行う設備投資等への支援、輸出先国の政府機関からの求めに対応する輸出証明書の発行体制の整備等、需要のある農林水産物・食品の輸出を拡大できる環境を整備する観点から、2022年5月に「農林水産物及び食品の輸出促進に関する法律」が改正され、本年10月1日に施行される。

改正の主要なポイントは、第一に、農林水産物・食品輸出促進団体の認定制度の創設である。これは、主要な品目について、生産から販売に至る関係者が連携し、需要の開拓等、輸出の促進を図る法人を、法人からの申請に基づき認定する仕組みである。

他の先進国では、主要な品目ごとに生産者・加工業者・輸出事業者を代表する団体が民間を代表する活動をし、国がそれを支援している。例えばノルウェーにおいては Norwegian Seafood Council（NSC:ノルウェー水産物審議会）がノルウェーサーモンをはじめとした水産物の戦略的輸出を主導している。生産・流通・販売すべての輸出関係者が NSC と協力することで、高度な品質管理、統一の格付け、輸出先から海域まで遡れるサーモンパスポートの導入、36時間で日本へ届ける物流体制等を実現し、ノルウェーを水産輸出大国へと育成してきた。

個別産地・企業では大ロット、棚の確保を前提とするビジネスが困難であること、加工食品の開発や輸出事業者などステージの異なる連携が不足すると利益率の向上や商流の拡大に限界があること、ナショナルブランドづくりへの対応遅れがあることから、オールジャパンでの対応が必要となっており、そうした対応を進めるために輸出促進法が改正された。

第二のポイントは、輸出事業者に対する支援の拡充である。これまでも輸出事業者がその輸出事業計画について国の認定を受けると支援措置が受けられる制度が存在したが、今回の改正によりその内容が拡充した。

第三のポイントは、民間検査機関による輸出証明書の発行である。主務大臣の登録を受けた民間の専門能力のある機関が、輸出先国の政府機関から輸出証明書を発行するように求められる場合に、同証明書を発行することができるようにするものである。

そして最後のポイントは、日本農林規格の制定対象へ有機酒類を追加したことである。輸出先国での有機認証を受けなくても、日本で有機JAS の認証を受ければ有機酒類の輸出をできるようにするための改正である。

７．おわりに

輸出拡大実行戦略、そして改正輸出促進法を可能な限り分かりやすく説明をしてきたが、農林水産物・食品の輸出額2兆円および5兆円の達成のためには、国内から海外、生産段階から販売段階までの多様な関係者の間での連携、そして様々な支援が必要となっていることからも、同戦略や法律には様々な内容のものがあり、更なる詳細は農林水産省等のホームページをご参照いただけるとありがたい。また、これを機会に我が国の農林水産業・食品の輸出に更なるご関心をお持ちいただけると幸いである。

2．JETRO における農林水産物・食品の輸出支援について

ジェトロ 農林水産・食品課　　　安部　暢人

1．はじめに

　ジェトロは、我が国の貿易の振興などを目的とした独立行政法人で、前身の日本貿易振興会を引き継ぐ形で 2003 年 10 月に設立された。

　現在、ジェトロは、国内 47 都道府県、海外 55 か国 76 か所に事務所を有しており（2022 年 4 月 1 日現在）、この広範な国内外ネットワークを最大限に活かし、我が国と海外の企業、企業と企業、人と人をつなぐ機能を発揮し、日本企業の海外展開や海外からの投資誘致などに貢献する役割を果たすべく活動している。

ジェトロの組織概要

　現行の中期計画において、「農林水産物・食品の輸出促進」は、組織の 4 大ミッションの一つとして位置付けられており、我が国政府や自治体、関係機関団体等とも連携しつつ事業を展開している。（他 3 つのミッションは次の通り。①対日直接投資やスタートアップの海外展開等を通じたイノベーシ

ョン創出支援、②中堅・中小企業など我が国企業の海外展開支援、③我が国企業活動や通商政策等への貢献）

　2021 年の日本の農林水産物・食品の輸出実績は、前年比 25.6%増の 1 兆 2,382 億円と、初めて 1 兆円を突破した。現在、政府は、2025 年に 2 兆円、2030 年に 5 兆円の輸出目標を掲げている。こうした中、ジェトロも with/post コロナに対応しつつ、政府目標の達成に向けて活動している。本稿では、政府目標達成に向けてジェトロが新たに担う役割、そして with/post コロナの時代に対応すべく、農林水産物・食品輸出の分野において実施されているジェトロの新たな事業を紹介する。

2．政府目標達成に向け
　　ジェトロが担う新たな役割
・「農林水産物・食品輸出促進分科会」の設置

　「農林水産物・食品の輸出拡大実行戦略」においては、品目団体を軸に据えた輸出促進を主な取り組みの一つに据えている。こうした中、ジェトロは、品目団体の活動をサポートする機関の一つとして様々な役割を担っている。

　その一つが、2021 年 10 月に設立した運営審議会農林水産物・食品輸出促進分科会である。本分科会は、品目団体等より輸出に向けた最新の取り組みの状況を聴くとともに、ジェトロ、JFOODO（2017 年 4 月に日本政府によって設立された日本産農林水産物・食品のブランド構築のためのプロモー

ション専門機関）事業に対する意見や要望を聴取し、関係機関の連携を推進する場となっている。

「農林水産物・食品輸出促進分科会」の様子

　本分科会は毎年2回の実施を予定しており、各団体の最新の状況を把握し適切に事業へ反映するための、PDCAサイクルを回す場としての役割を有する。また、輸出に取り組む各団体が一同に会すため、品目の垣根を越えた意見交換、またナレッジ共有の場としての意義も深い。

＜ジェトロが提供する主な支援策＞

①　ターゲット国・地域の消費者ニーズ、商慣行、規制等に関する情報の提供。

②　団体等の国・地域別戦略及び事業計画に基づく海外見本市への出展や海外商談会の開催、国内商談会や産地へのバイヤー招へいなどの販路開拓支援。

③　日本産食材サポーター店や現地輸入商社など現地パートナーと連携した、現地での商流構築活動の支援。

④　輸出産地の要望を踏まえた上での輸出診断、海外市場情報の提供、個別相談、ウェブマッチングなどのハンズオン支援のほか、各地域のオンライン市場の動向等を分析・共有、及びECサイト出品の支援　など。

3．with/post コロナにおける　ジェトロ事業

　新型コロナウイルスの感染拡大によって、ジェトロの事業は大きな転換を求められた。取り分け、事業者とバイヤーを繋げ、商談を実施する事業においては、コロナ禍以前は原則対面での実施（以下「リアル」という）が中心であったが、コロナ禍でリアルでの商談が困難となってからは、バイヤーと国内事業者が別会場からオンライン会議システムを使用して行う商談（以下「オンライン」という）へ急速に事業の転換を図った。本章では、with コロナの時期に誕生した、主にオンラインを活用した3つの事業を取り上げ紹介していく。

①「JAPAN STREET」を用いた　オンライン商談事業

　「JAPAN STREET」とはジェトロが招待した海外のバイヤー専用のオンラインカタログサイトである（図1）。日本の事業者が予め本サイトに企業・商品情報と商品画像の登録をしておくことで、世界中のバイヤーが常時閲覧でき、引き合いがあった際に、バイヤーと事業者の間で、ジェトロがオンラインでの商談をセットするというコンセプトの事業である。このオンライン商談の最大の魅力は、海外出張の手間や経費をかけずに遠方のバイヤーと商談が実施できる点が挙げられる。また、従来の会期の決まったリアル開催の商談会の場合、商談の実施までに数か月単位で期間が空くこともあったが、オンラインの実施であれば、引き合いがあり次第すぐに個別に商談を実施することができる。ジェトロとしてもこのメリットを最大限に生かすべく、企業・商品のデ

ータを整備し、随時海外バイヤーに商品を提案し、関心が示されればすぐにオンライン商談をアレンジできる体制を整えた。現在、同カタログには3000社以上の企業の商品が登録されている（2022年7月時点）。商談時には必要に応じて無料で通訳をジェトロが手配しており、国内にいる事業者はコストを掛けずに商談を実施できる。そのため、今まで輸出に取り組んだ経験が少ない、もしくは未経験の事業者でも挑戦しやすい環境であるといえる。コロナ禍により国内にいる事業者の海外販路開拓が滞る中、リアルの代替としての役割だけでなく、様々なメリットを持つ同事業への登録企業・商品を拡大していくことで、日本産農林水産物・食品の海外市場における更なる販路拡大を後押ししていく。

図1．「JAPAN STREET」のUIイメージ

②「展示会場での海外バイヤーオンライン視察商談」・「バーチャル産地視察」

　ジェトロではコロナ禍の前まで、都市部で開催される日本産農林水産物・食品の見本市に合わせ、世界各国からバイヤーを招へいし、輸出に意欲のある国内事業者との食品輸出商談会をリアルで開催していた。

　東京など都市部での商談会終了後は、ジェトロにて海外バイヤーを引率し（図2）、地方で開催される国内事業者との商談会に参加してもらうほか、実際に生産現場等を訪問し、日本産農林水産物・食品の品質、製造技術等についての知識を深め、地域の持つブランドや商品の魅力をより感じてもらうような取り組みも併せて行っていた。

図2．生産現場を巡る海外バイヤー

　しかし、コロナ禍に入り、海外バイヤーの日本への入国が困難になると、リアルでの商談会や、バイヤーによる日本各地の生産現場訪問ついても実施の目途が立たなくなり、withコロナに合わせた事業転換を余儀なくされた。

　そうした中誕生したのが、「展示会場での海外バイヤーオンライン視察商談」である。本事業は、国内で開催される大規模な見本市にて、担当者がタブレット端末を持って会場内を巡覧し、オンライン上の海外バイヤーにタブレットの画面越しに出展企業との商談機会を提供する取り組みである（図3）。本事業ではオンライン上では海外バイヤーの他に、ジェトロにて手配したファシリテーター及び通訳を配置し、商談が円滑に進むように設計されている。

図３．画面上の海外バイヤーとの商談

また、事前アレンジした商談に加えて、バイヤーの希望に応じて、タブレット端末を持ったスタッフが会場の様子を映しながら会場を巡る（図４）。そのため、海外バイヤーは実際にイベント会場にいるような臨場感を持って商談を行うことができる。

図４．タブレットを持ち会場を巡る担当者

海外バイヤーはタブレット端末の画面越しで会場を巡り、様々な事業者の商品を見ることができるため、出展者との偶然出会いが生まれる。こうしたリアルの見本市ならではの魅力を再現できる点が、この事業の最大の魅力だ。また、オンライン開催により全世界から参加が可能になったことで、スケジュール等の理由でリアルでは都合がつかなかった海外バイヤーがオンラインで

参加できるようになり機会損失を防ぐことができるなど、post コロナの時代においても、有効なツールといえる。

更に一歩進んで、「バーチャル産地視察」では、コロナ禍で来日できない海外バイヤーに日本産農水産物・食品の魅力を再発見、関心を高めてもらい、ひいては調達に結びつけることを目的に、農林水産物・食品の産地をオンラインで視察する。今年度初めて、全国 15 か所で実施予定である。具体的な取り組みとしては、先ほど紹介した「展示会場での海外バイヤーオンライン視察商談」と同様に、タブレット端末を持った担当者が、輸出に取り組む国内事業者の加工施設や製造現場、卸市場、生産現場等を巡り、海外バイヤーはオンラインでその様子を視察するもの。視察はライブ配信で実施されるため、その場で生産者へ質問を行うなど、リアルタイムでコミュニケーションをとってもらうことが可能である。本事業では日本産農水産物・食品の調達を検討中のバイヤーも含め、気軽に視聴してもらい、「まずは全国各地の産地の多様な農林水産物・食品の魅力をより多くの海外バイヤーに知ってもらう」ということを主眼に置いている。新たな海外バイヤー発掘に繋がることも期待される。

③世界 15 都市で実施される 「日本産食品サンプルショールーム」

コロナ禍に入り、対面で行っていた輸出支援事業の多くが、①の「JAPAN STREET を用いたオンライン商談」や、②の「展示会場での海外バイヤーオンライン視察商談」・「バーチャル産地視察」のように、オンラインを活用した事業へと舵を切った。しかし、

海外バイヤーに売り込む際の重要なポイントである、試飲や試食といった方法での魅力の訴求が難しい点が、オンライン事業の課題であった。(商談の事前や事後にサンプルを送付するという手段はあるが、送付できる相手は基本的に商談が決まったバイヤーに限られてしまう)。そこで、ジェトロでは2020年度より、「日本産食品サンプルショールーム」を実施している(図5)。これはジェトロの海外事務所内、あるいは近隣施設内に日本産農林水産物・食品を展示するショールームを設置し、来場した海外バイヤーに試飲や試食をしてもらい、関心を示した商品がある場合は、オンライン商談をアレンジするという取り組みである。

図5．「日本産食品サンプルショールーム」
の様子（ホーチミン事務所）

　本事業の最大の魅力は、世界の複数都市へのサンプル商品の海外輸送費をジェトロにて全額負担しているため、事業者はコストを押さえ、尚且つ出張せずとも現地バイヤーへ自社商品を紹介できる点である。コロナ禍で海外渡航ができなかった日本企業から本事業は大変好評となり、2022年度は北米、欧州、アジア地域の15都市に展開されるまでに拡大した（2022年9月時点）。

　2022年度はpostコロナの動きを受け、現地見本市でのサンプルショールームの出展や、試飲・試食会の開催など、より多くのバイヤーに日本企業の商品を紹介できるように事業の幅を広げている。試飲・試食会の開催については、消費期限の問題で長期展示が不可能な畜産物、水産物、青果物などの商品紹介が可能になるほか、現地のレストランシェフ等を活用し、現地の消費者に受け入れられやすいメニューで試飲・試食提供が可能になる点で、バイヤーへの訴求効果の拡大が期待できる。商品の魅力についてはリアルで確認し、商談はオンラインで実施するというハイブリッドな事業特性を生かし、postコロナにおいても、バイヤーニーズを最大限喚起できる事業形態を模索し続ける。

４．おわりに

　2025年に2兆円、2030年に5兆円という政府目標達成貢献に向けたジェトロの取り組み、またwith/postコロナにおける、ジェトロの農産物輸出の支援事業を一部紹介させて頂いた。今回紹介させて頂いた取り組みをはじめ、ジェトロの行う事業の詳細については、ぜひジェトロのホームページを訪れて頂けると幸いである。postコロナに入り国境を越えた人の往来が戻りつつある今、リアルで開催される海外の見本市では、コロナ禍以前に見られた活況が戻りつつある。このような趨勢を鑑みながら、ジェトロとして引き続き、日本産農林水産物・食品の海外市場における販路拡大に繋がる支援事業の提供に全力を挙げていく。

3．果樹の品種開発と最近の優良品種

農研機構 果樹茶業研究部門 果樹品種育成研究領域長　　阿部　和幸

1．はじめに

　わが国における果樹の栽培面積や生産量は、近年緩やかな減少傾向で推移しており、これは、果樹農業従事者の高齢化の急速な進展や栽培農家数の減少などに因っている。また、国産果実の購入数量も減少傾向にある。国民一人当たり果実摂取量を 10 年前と比較すると、すべての世代で減少しており、世代別では 20〜40 歳代で摂取量が少ない状況にある。このような国内の果実生産・消費を取り巻く厳しい情勢とともに、地球温暖化の進行が果樹栽培に及ぼす影響の顕在化、食の安全・安心や健康に対する消費者の志向など、対応すべき課題は多岐にわたり、そうしたニーズに応えるための優良新品種の開発が強く求められている。本稿では、農研機構果樹茶業研究部門における果樹育種の成果と取組内容を中心に、果樹における品種開発の現状と最近の優良品種について述べてみたい。

2．果樹の品種開発に見られる特徴
(1) 食味の良さ（甘味の多さ、果汁の多さ、食感の良さ）

　時代とともに消費者の品質・食味に対する要求水準は高くなり、主要品種より美味しく消費者のニーズに応えうる新品種は有望視され、大きな欠点がなければ流通性の高い優良品種となり、いずれは次世代の主要品種となり得る。甘味の多さは万人に好まれる果物の特性であることから、品種開発は高糖度化に向けて進んできた。

　カンキツでは高糖度化が最近開発された品種の特性によくあらわれており、早生の「みはや」、中生の「あすみ」、晩生の「あすき」は甘味の多い良食味品種である。「あすみ」における果汁の糖度は 15%以上で芳香があり、「あすき」は糖度 16%程度と極めて高く、ドリップが少な

いことからカットフルーツでの利用にも向いている。リンゴでは「はるか」、ニホンナシでは「甘太」が甘味の多い晩生の良食味品種として認知され、流通量も増えている。早生のニホンナシでは鳥取県で開発された「新甘泉」が高糖度で果汁の多い品種であり、極早生のモモ「ひめまるこ」では、同時期に収穫される品種との比較で糖度が 1〜2%高い。早生の甘ガキ「甘秋」や「輝太郎」は、同時期の既存品種と比較したとき糖度が 2〜3%程度高く、「太秋」と同時期に収穫できる福岡県で開発された「福岡 K1 号」も糖度の高い品種である。ブドウでは、赤色品種「クイーンニーナ」の糖度は「巨峰」より高く、ヨーロッパブドウに近い肉質をもち、食味の優れた大粒品種である。

　甘味とともに果汁の多さと食感の良しあしもまた果物に対する消費者の嗜好性を左右する要因であり、果樹の品種改良における育種目標とされることが多い。最近登録された果樹品種にも、多汁性や肉質・食感の良さに特徴のある品種がみられる。長野県で開発された早生の「シナノリップ」、農研機構で開発された中生の「錦秋」、岩手県で開発された晩生の「大夢」などは、いずれも多汁で食感の良いリンゴ品種であり、ニホンナシでは、「甘太」「なるみ」など多汁で軟らかい食感の品種が登録されている。

(2) 食べやすさ

　果樹の育種目標では、これまで一貫して高糖度や良食味など果実品質の向上・安定が重視されてきたが、近年では皮ごと食べられる、無核性（種なし）、果物ナイフを必要とせず手で皮が剥きやすい、丸かじりに適するなど、食べやすさに着目して開発された品種が増えている（表1）。市場における果実流通量が急速に伸びた果樹品種としてブドウ「シャインマスカット」があげられる。「シャインマスカット」は、噛み

表1　最近登録された『食べやすさ』に特徴のある果樹品種とその特徴

樹種	品種名（商標名）	育成者	食べやすさに関わる形質
ブドウ	シャインマスカット	農研機構	皮ごと食べられる
	サニードルチェ	山梨県	皮ごと食べられる
	ジュエルマスカット	山梨県	皮ごと食べられる
	長果G11（クイーンルージュ）	長野県	皮ごと食べられる
	秋鈴	福岡県	皮ごと食べられる、無核性
カンキツ	黄宝	広島県	無核性
	南津海シードレス	山口県	無核性
カキ	福岡K1号（秋王）	福岡県	無核性
リンゴ	シナノピッコロ	長野県	手頃な大きさ、丸かじり向き
	シナノプッチ	長野県	手頃な大きさ、丸かじり向き
クリ	ぽろたん	農研機構	渋皮が容易に剥ける
	ぽろすけ	農研機構	渋皮が容易に剥ける

切りやすい肉質やマスカット香などの良食味、栽培し易さ、耐病性を兼ね備えた優良品種であるが、消費者に受け入れられた大きな要因は皮ごと食べられる手軽さであろう。最近は皮ごと食べられる品種の登録が目立ち、山梨県で開発された「サニードルチェ」、長野県で開発された「長果G11」、福岡県で開発された「秋鈴」はいずれも皮ごと食べられる赤色品種、山梨県育成の「ジュエルマスカット」は皮ごと食べられる黄緑色品種であり、「秋鈴」は無核性も兼ね備えている。カンキツ類では、広島県で開発された「黄宝」や山口県で開発された「南津海シードレス」はいずれもほとんど種子が入らない点に特徴のある晩生品種である。カキでは、「福岡K1号」は種子がほとんど入らず、サクサクした食感の食べやすい甘ガキ品種である。リンゴでは、通常の品種より小ぶり（果実重200ｇ以下）な丸かじり向き品種として、長野県で「シナノピッコロ」「シナノプッチ」が開発されている。クリでは、農研機構で開発された「ぽろたん」「ぽろすけ」は渋皮が簡単に剥ける点が通常のニホングリ品種と大きく異なり、蒸し栗・焼き栗にしたときに渋皮がポロンと剥けるので食べやすい。

（3）加工適性の高さ

最近の登録品種には、機能性成分の豊富な品種や果肉が赤く着色する品種など、加工品への利用価値の高い特性を備えた品種が多く認められる（表2）。カンキツ類では機能性成分含有量の多さを育種目標に設定した品種開発が積極的に進められ、食味が優れる上にウンシュウミカンよりβ-クリプトキサンチンが多い「津之輝」「西南のひかり」などの品種が育成されている。ノビレチンを多く含む沖縄県特産のシークヮーサーの生産量は近年増加しており、シークヮーサーの種なし新品種「仲本シードレス」が最近開発された。ノビレチン含量が多く美味しいジュースとなる「かんきつ中間母本農6号」やオーラプテンを多く含む加工用品種「オーラスター」も開発されている。他にも香酸カンキツとして三倍体のスダチ種なし品種「徳島3X1号」やスダチとユズの交雑に由来する三倍体品種「阿波すず香」、従来のレモン品種よりかいよう病に強く、大果で豊産性である「璃の香」が開発されている。リンゴでは、果肉や果汁の褐変が通常の品種より極めて少ない「あおり27」が青森県で開発されている。本品種の果肉をすりおろして数日間ほとんど褐変がみられず、カットフルーツなど加工・業務用としての適性は

表2　加工品への利用価値の高い特性を備えた果樹品種

樹種	品種名（商標名）	育成者	加工適性の高い特性
カンキツ	西南のひかり	農研機構	β-クリプトキサンチン高含有
	津之輝	農研機構	β-クリプトキサンチン高含有
	仲本シードレス	沖縄県	ノビレチン高含有、無核性、香り・風味
	かんきつ中間母本農6号	農研機構	ノビレチン高含有、濃厚な果汁
	オーラスター	農研機構	オーラプテン高含有
	璃の香	農研機構	果肉の割合や搾汁率が高い
	徳島3X1号	徳島県	無核性、香り・風味
	阿波すず香	徳島県	無核性、香り・風味
リンゴ	あおり27（千雪）	青森県	果肉・果汁が褐変しにくい
	紅の夢	弘前大学	赤果肉
	HFF33	弘前大学	赤果肉
	HFF60	弘前大学	赤果肉
	栄紅	五所川原市	赤果肉
	レッド　キュー	五所川原市	赤果肉
	ローズパール	農研機構	赤果肉
	ルビースイート	農研機構	赤果肉
	いろどり	吉家一雄	赤果肉
	なかの真紅	吉家一雄	赤果肉
	なかののきらめき	吉家一雄	赤果肉
	炎舞	吉家一雄	赤果肉
	ムーンルージュ	吉家一雄	赤果肉
	レッドパール	伴野潔	赤果肉
	いなほのか	伴野潔	赤果肉
ウメ	紅の舞	群馬県	赤果肉
	露茜	農研機構	赤果肉
クリ	ぽろたん	農研機構	渋皮が容易に剥ける
	ぽろすけ	農研機構	渋皮が容易に剥ける

高い。果肉にアントシアニンを豊富に含む赤肉品種として、「紅の夢」をはじめとする弘前大学育成品種や五所川原市育成の「栄紅」「レッドキュー」、農研機構育成の「ローズパール」「ルビースイート」、個人育種家により開発された「いろどり」「なかの真紅」「炎舞」「ムーンルージュ」など数多くのリンゴ品種が開発されており、ウメでは群馬県育成の「紅の舞」、農研機構育成の「露茜」がある。赤肉のウメ品種は梅酒や梅ジュース、梅ジャムに適し、特徴ある真っ赤な加工製品ができあがる。クリの「ぽろたん」「ぽろすけ」は渋皮が簡単に剥ける点に大きな特徴のある品種で、和洋菓子などの加工品への利用適性も高い。

3．最近の優良品種
（1）カンキツ

「あすき」は、糖度が極めて高く食味が良い晩生のミカンである。成熟期は3月頃で、樹勢

図1　カンキツ「あすき」

は中程度、とげの発生程度は「あすみ」より少なく、隔年結果性の程度は少ない。果実は180g程度で、果皮は橙色（図1）、剥皮性は中〜やや難で、浮皮は発生しない。自然受粉条件では平均7粒程度の種子が入る。ナイフでカットした場合のドリップが少なく、カットフルーツでの利用にも適する。

(2) リンゴ

「錦秋」は、果皮が濃赤色で着色しやすく、甘味が多く食味の優れる中生品種である（図2）。「千秋」とほぼ同時期に収穫できる。果実

図2　リンゴ「錦秋」

の大きさは300g程度、糖度は15%程度で、多汁で肉質が良いのが特徴である。裂果や心かびの発生はほとんどなく、後期落果の発生も少ない。「つがる」とは交雑不和合性を示すが、それ以外の主要品種とは交雑和合性である。

(3) ブドウ

「グロースクローネ」は、高温下でも着色性に優れる極大粒の四倍体品種である（図3）。収穫期は8月下旬で、「巨峰」「ピオーネ」と同時期である。果皮は紫黒色で、一房の大きさを「巨峰」並みの450〜500gとして房作りを行うと「巨峰」より濃い良着色果が得られる。ジベレリン処理果の果粒重は20g程度で種なし生産が可能である。肉質は中位、糖度は19%、酸度は0.4%で食味が良好である。

(4) ニホンナシ

「甘太」は高糖度で食味が良く、かつ栽培が容易で豊産性の晩生品種である（図4）。「新高」と同時期あるいはやや遅い時期に収穫できる。

図3　ブドウ「グロースクローネ」

図4　ニホンナシ「甘太」

果実は570g程度と大きく、果肉は「新高」より軟らかく、果汁が多く肉質良好である。糖度が15%程度と高い。樹勢が強く、花芽の着生が安定しているため、栽培容易で豊産性である。

(5) モモ

「さくひめ」は、「日川白鳳」より5日程度早く収穫できる早生品種である（図5）。樹勢は強

図5　モモ「さくひめ」

く、花芽の着生は多く結実良好である。大きさは250g程度、果肉色は白色、糖度は12〜13%前後で果実品質は「日川白桃」並に良好である。低温要求量の少ないブラジルの品種を育種素材として改良を進めた品種であり、低温要求時間は550時間程度とわが国の主要品種の半分程度である点に特徴があり、温暖化により冬の気温が上昇しても安定した開花が期待できる。

（6）カキ

「太豊」は、種なし果の生産が可能な晩生の完全甘ガキで、「富有」とほぼ同時期の11月中下旬頃に収穫できる（図6）。糖度は16%程度

図6　カキ「太豊」

と「富有」並みで、果肉は柔軟多汁で、サクサクとした食感に特徴がある。雌花が多いうえ、受粉樹を周囲に混植しなくても早期落果が少なく、後期落果も発生しない。周囲に受粉樹がない環境下において、単為結果力が高いことから種なし果の安定生産が可能である。

4．品種開発の課題と展望

（1）減農薬栽培が可能な耐病性品種の開発

食品の安全性に関する消費者の関心は極めて高く、果樹栽培においても従来よりも農薬散布を減らした果実生産体系の確立が求められている。そのため、品種開発の面では、減農薬栽培が可能な実用的な耐病性品種の開発が重要となる。農研機構果樹茶業研究部門では、カンキツ類のかいよう病、リンゴやニホンナシの黒星病、モモのせん孔細菌病、ブドウのべと病などに対する抵抗性の付与を育種目標とする耐病性育種を進めており、各種病害に対する抵

抗性育種素材の開発、病害抵抗性個体の早期選抜技術の開発などで一定の成果が得られている。

品種開発では、リンゴやニホンナシの黒星病抵抗性品種が登録されていて、リンゴでは青森県で開発されたリンゴ黒星病抵抗性品種「あおり25」、ニホンナシでは黒斑病と黒星病に複合抵抗性を示す農研機構開発の「ほしあかり」があげられる。しかしながら、黒星病以外の主要病害に対する抵抗性品種の育成・登録はみられていない。

今後は、各樹種で重要病害に対する実用的なレベルの抵抗性を備えた新品種の開発の進展に期待したい。実用的な耐病性品種の開発に当たっては、消費者のニーズに応えられるレベルの品質・食味であることが当該品種の普及性を大きく左右すると考えられるため、果実品質のいっそうの改善が求められるところである。

（2）温暖化に対する適応性の高い品種の開発

地球温暖化に伴う気候変動は果樹生産にも顕著な影響を及ぼし、中でも気温上昇が果樹の生育に与える影響は大きい。気温上昇はほとんどすべての地域、季節にあてはまり、果樹では果実成熟期と休眠期から開花期に影響を受けやすい。果実成熟期間の高温は果実障害（日焼け果）の発生や果実品質の低下（着色不良や着色遅延）を引き起こし、休眠期から開花期における高温のため、耐凍性の低下や低温遭遇時間の不足による開花・結実不良などが顕在化している。そのため、温暖化に対する適応性の高い品種の開発が急務となっている。

果樹の品種開発では、開花結実の安定性や果実の着色性に焦点を当てて特性評価や個体選抜が進められ、リンゴやブドウにおいて、夏季の気温が高くても良好な着色が得られる品種が開発されている（表3）。開花・結実の安定性に関しては、モモにおいて主要品種よりも低温要求時間が短い早生品種、ニホンナシにおいては暖地における花芽の枯死率が少ないが開発されている。

このように、最近の登録品種には温暖化に対する適応性が高いと期待される新品種がみら

表3　温暖化に対する適応力の高い品種とその特徴

樹種	品種名	育成者	温暖化適応力に関する特徴
リンゴ	紅みのり	農研機構	温暖な産地で「つがる」より着色良好
	錦秋	農研機構	温暖な産地で「つがる」より着色良好
ニホンナシ	凜夏	農研機構	温暖な産地で「幸水」より花芽が枯死しにくい
ブドウ	グロースクローネ	農研機構	温暖な産地で「巨峰」より着色良好
	涼香	福岡県	温暖な産地で「巨峰」より着色良好
モモ	さくひめ	農研機構	低温要求時間が短い（主要品種の約1/2）

れるものの、育成数はまだ少ない。温暖化に対する適応性の高さと品質、食べやすさなど実用的特性を兼ね備えた優良新品種の今後の開発に期待したい。

５．おわりに

　果樹の品種開発では、良食味や外観の良さなど品質の向上・安定が収熟期拡大や収量の多さ、生産安定性などとともに重視されてきた。近年における品種構成の変化には国公立試験研究機関による品種改良の成果が大きく寄与しており、食味の良さや食べやすさに特徴のある国内育成の果樹品種が積極的に産地に取り入れられている。

　また、最近の果樹産地振興・販売戦略の特徴として、新品種の盛んな売り込みや、育成品種の愛称名を商標登録して流通させる例が増えている。その背景として、各県・産地のオリジナルブランド開発へのニーズが大きく、特徴ある新品種が求められていることがあげられる。

　このような動きは、新品種の利用許諾や生産地を制限するいわゆる『品種囲い込み』の問題を内包するものの、消費ニーズに合致した、特徴ある新品種のブランド化は果実の需要・消費拡大につながり、生産者の収益向上に寄与できる。生産現場と消費者のニーズを的確にとらえ、将来を見据えた優良品種の開発は今後さらに必要性が高まると思われるが、特長のある新品種の開発が進み、果樹産地に広く流通することによって産業の活性化が促され、国内外での果実消費の拡大に寄与することに期待したい。

4．持続可能な農産物流通を支える物流システムの構築

流通経済大学 流通情報学部　教授　　矢野　裕児

1．物流危機とは何か—物流が抱える課題

　ドライバー不足など物流危機といわれる状況は、2013年後半から深刻となり、その状況が続いている。影響を受ける分野として、真っ先に思い浮かぶのは宅配である。新型コロナウイルス感染拡大に伴い、2020年以降、ネット通販取扱が大幅に伸び、宅配貨物量が急増している。このような物流危機の状況は、すべての産業、そして生活に影響するが、そのなかでも、今後、農産物流通に深刻な影響を与えることが予想される。

　従来、貨物車はいつでも確保できるのが当たり前であった。必要な時に、必要なものを、安く輸送できるということが続いてきたが、これが難しくなってきている。農産物についても、生産地から消費地市場に向けて、日々の輸送量が大きく変化するなか、短いリードタイムで、比較的安い運賃で輸送できることが前提で、農産部流通は成立してきたといえる。

　しかしながら、農産物流通において、物流がボトルネックとなりつつあり、今後、生産地側の出荷、そして消費地側の卸売市場が円滑に機能しなくなることも予想される。持続可能な農産物流通を考える際、これを支える物流システムの構築が求められているのである。

　ドライバー不足の問題は、需給バランスが崩れることによって発生する。高度経済成長期、バブル期においては、急激な景気拡大による需要増加に、ドライバー供給が間に合わないというものであった。しかしながら、現在のドライバー不足は、需要拡大というよりは、ドライバーのなり手が少なく、いないという状態である。現在、サービス業を中心として、人手不足がどの職種でも問題となっている。しかしながら、他の職種においては、求人数が増えているのに対して、求職者数が足りないという構造に対して、ドライバーについては求人数が大きな変化はないのに、求職者数が大きく減少しているという特徴がある。さらに、求職者の高齢化も深刻であり、50代以上の占める割合が67.4%に達している[1]。

　ドライバーの有効求人倍率は、2015年は1.72倍と全産業の1.11倍を大きく上回っていたが、その後さらに上昇し2019年は2.82倍となっている。現在、新型コロナウイルス感染拡大により、一般貨物輸送量の停滞がみられることもあり、ドライバーの有効求人倍率は若干下がり、運賃も若干低下傾向がみられる。今後、新型コロナウイルス感染拡大がおさまり、輸送量が回復すれば、ドライバー不足が再燃することは確実である。

　今後のドライバー数予測は、複数の機関が発表しているが、日本ロジスティクスシステム協会は、2015年のドライバー数は76.7万人なのに対して2030年には51.9万人にまで減少するとしている[2]。需要量予測は、なかなかあたらないが、供給側の予測は、ほぼ正確であることから、同じ貨物需要があるとすると、約3割の貨物が輸送できないということになる。さらに大型貨物車は、鉄道貨物協会によると、2005年が46.4万人だったのが、2020年に31.7万人、2030年には25.9万人になるとしており、さらに深刻である[3]。大型貨物車のドライバー数が足りないということは、特に中・長距離輸送に与える影響が大きくなるのであり、その割合が高い農産物物流においては深刻となる。ドライバー不足が起きている背景として、若い人にとって、ドライバーは魅力があまりない職業となっており、なり手が少ないという状況がある。ドライバーは3K（「きつい」「きたない」「危険」）の職業というイメージがあり、他業種に比べて労働時間が2割長く、賃金が2割安いといわれている。そのため高齢化の傾向が顕著となって

いる。

2．複雑な農産物物流の特徴

　農産物は、非常に多品種であり、かつ季節、天候などによって、生産量が大きく変動する。そして全国の限られた生産地から、それぞれの季節に合わせて、全国の消費地市場に輸送する。そのため、近距離だけでなく中・長距離の輸送が発生する場合も多く、さらに日々の輸送量の変動が大きく、かつ直前にまで輸送量が読みにくいという特徴がある。すなわち、例えば加工食品、日雑品などは、同じルートを、ある程度決まった量を輸送するという、定型化された場合が多いのに対して、農産物は、他の品目に比べて、複雑で、取扱が難しく、かつその場その場で対応せざるを得ないという特徴がある。農産物物流は、平準化が難しく、計画的に業務を進めることが難しい。そのため、ドライバーが過酷な労働環境のなか、その場その場で対応することで行われてきた。農産物物流の特徴を、まとめると次のようになる[4]。

①長いドライバーの拘束時間

　長距離を輸送する場合が多く、運転時間が長い。また、発地側では、農産物の毎日の生産量が大きく変動するほか、出荷先も変わるため、出荷量、出荷先がぎりぎりまで決まらないため、貨物車の荷物を受け取るまでの手待ち時間が多く発生している。さらに着地側、特に大都市の拠点市場においては、全国から多くの貨物車が集中することから、深夜を中心に混雑し、荷卸しするまでの手待ち時間が発生している。このように、運転時間が長く、さらに手待ち時間が長いため、ドライバーの拘束時間が長いという問題がある。

②パレット化の遅れ

　卸売市場に到着した後、貨物車車両内で手積みされた段ボール箱等を、ドライバーが手で卸し、パレットに積みつけ、卸売市場内の作業員がフォークリフトでパレットを卸すという作業をしている場合が多い。そのため、ドライバーは長時間の運転をし、さらに手積み手卸しの作業をせざるを得ない状況が多い。ドライバー

にとって重労働であり、肉体的負担が大きいと同時に、拘束時間が長くなる。そのため、特に若いドライバーからは、取扱を敬遠されることが多くなっており、今後運べないという事態も発生しかねない。

　このように、パレット化は、今後の農産物物流を考える際、取り組まざるを得ない状況にあるのにもかかわらず、なかなか進まないという現状がある。長距離輸送については、パレット化すると積載率が低下するため、手積み手卸しが要求する場合が多い。また、外装箱のサイズが、パレット積載にあわせたものではないため、積載率が低下するという問題を抱えている。パレットを使う場合、一貫パレチゼーションでの利用が望ましいが、輸送にあたっては T11（110cm×110cm）のパレットを使うのに対して、生産地側の保管等に使われているのは、違うサイズの場合も多く、積み替える作業が発生する。さらに、パレットの回収率が低いため、発地側が使いたがらないという問題があり、パレットの回収が確実にできるパレット・プール・システムの導入が望まれるところとなっている。

③短い輸送時間の要請

　生鮮物の場合、市場の取引時間に合わせて、到着することが必須である一方、生産地側の出荷時刻がぎりぎりに設定されており、時間的に余裕がない輸送を要求されることが多い。さらに、鮮度の面からも短い輸送時間が要求される。

④小ロット多頻度輸送

　農産物は、品目が非常に多品種であり、かつ1日に出荷できる量が限られていると同時に、消費者ニーズも多様化しており、かつ鮮度も求められることから、小ロット多頻度輸送にならざるを得ない。積載率が低くなってしまう場合もあり、運賃が割高になる。物流事業者側からみても、計画的な輸送スケジュールを組みにくいため、帰り荷の確保が難しく、収益面から問題がある。

　農産物物流は、拘束時間が長く、荷待ち時間が長く、さらにパレット化がされておらず手積み手卸しの場合が多く、かつ時間の制約が厳し

いため、ドライバーからみると最も敬遠されるものとなっている。農産物物流はドライバー不足の深刻化等の影響を特に受けやすい特徴があり、特に中・長距離輸送において、今後運べないという問題が発生する可能性が高い。

3．「2024年問題」でますます深刻となる農産物物流

自動車の運転業務の労働時間は、「自動車運転者の労働時間等の改善のための基準（改善基準告示）」により規定されており、1日の拘束時間は13時間以内を基本とし、休息期間は継続8時間以上、1日の運転時間は平均で9時間が限度運転時間と定められている。しかしながら、この規定を違反して運転業務を行っている場合も多い。また、政府は「働き方改革」を進めているが、これまでドライバーについては、時間外労働の上限規制がなかったが、規制の導入により、労働時間を大きく見直すことが決定している。労働基準法が改正され、2024年4月から時間外労働時間は年間960時間が上限となる。これは「2024年問題」ともいわれ、中・長距離輸送を中心に、大きな影響を与えることが予想される。

現在の長距離運行に従事するドライバーの1年間の拘束時間をみると、全体では「3,300時間未満」が68.2％、「3,300時間以上〜3,516時間以下」が24.8％、「3,516時間超〜3,840時間以下」が5.8％となっている。さらに、発荷主が農業・水産品出荷団体の長距離輸送の場合、「3,300時間未満」が46.3％、「3,300時間以上〜3,516時間以下」が35.8％、「3,516時間超〜3,840時間以下」が10.5％、さらに「3,840時間超」は7.4％となっている[5]。3,516時間超えが17.9％を占めているが、これは現状の改善基準告示の規定を超えて、無理な運転をしているということになる。さらに2024年4月以降も、このままの労働時間で運転していたとすると、労働基準法改正によって問題となる3,300時間超えが53.7％となり、半数以上が時間外労働時間の上限規制を違反する状況となる。

東京都中央卸売市場が取り扱っている野菜の輸送距離帯別割合をみると、重量ベースで500〜1,000kmが16.9％、1,000km以上が22.9％となっており、長距離輸送が4割弱を占めている。このような長距離輸送は、時間外労働時間の上限を超えてしまう場合が多く発生することになる。そしてこのように長距離輸送の割合が高いのは、東京都に限ったことではない。例えば、福岡市中央卸売市場においては30.6％、北九州市中央卸売市場においては37.9％となっており、同様の問題が発生する可能性が高い[6]。

2024年4月以降、長距離輸送について、まずはフェリー、鉄道を利用したモーダルシフトの推進が考えられる。しかしながら、運賃が高くなる、輸送時間が長くなるといった問題が発生する。長距離輸送で貨物車を利用する場合、従来のような1人の運転手による輸送は困難になる。そのため、中継輸送などにより、複数の運転手がつないでいく形が必要となる。この場合、例えば九州から関東の場合、3日目販売が難しくなり、4日目販売になるなどの影響がでる。このように「2024年問題」は、単に物流の問題というだけでなく、農産物流通の構造そのものを変えていく可能性が高い。

4．持続可能な農産物物流システムの構築に向けて

農産物物流の問題を解決していくためには、単にトラック輸送の問題を改善すれば良いというわけでなく、物流全体のシステムを再構築していかなければならない。その視点としては、大きくは以下の3点が挙げられる。

①商物分離、混載の推進

従来、卸売市場が取り扱う農産物は、商物一致の原則によって、卸売市場に実物が搬入されるのが原則であった。そのため、特に大都市の拠点市場においては、多くの車両が集中、輻輳し、限られたスペースのなかで処理しなければならず、混乱する状況が発生している。卸売市場法改正によって、商物分離が認められ、生産地から卸売市場を経由せず届け先へ直接輸送することが可能となった。商物分離は、物流効

率化という面から、とても効果が大きい。商物分離は、出発地、目的地が同じという荷物が大量にある場合は、貨物車1台を貸しきって行うことができるため、取組が容易である。しかしながら、各生産地ではそのような大ロットで輸送するような農産物は限られており、1回あたりの積載量を大きくするために、複数生産地の農産物を混載するなどの工夫が必要となる。

②物流ネットワークの再構築

全国の生産地、卸売市場、小売間を結びつけ、新鮮な農産物を安定的に供給するためには、短距離、中距離、長距離を組み合わせ、リンク（輸送経路）とノード（結節点、拠点）で構成されるネットワーク全体の再構築が必要となる。

現在、各生産地から個別に消費地側の卸売市場に直送されることが多い。そのため、生産量が少ない地域から、あるいは年間の生産量が多くても、最盛期でない時期は、貨物量のロットがまとまらず、低積載率となるため、物流コスト比率が高くなり、運べないという事態が発生している。これまでは、生産地と卸売市場を結び付けるリンクの貨物車をいかに確保するかといった議論が中心であった。今後は、特に中・長距離輸送について、混載などにより農産物をいかに束ねて輸送するか、1回あたりの積載量を大きくする仕組みの構築が重要である。そのためには生産地側も単位農協ごとに出荷するのではなく、複数地域の農産物を集約する広域選果場、あるいは地方部の卸売市場について、地域農産物を集約するノードとして機能させるなど、広域に農産物を集めるノードが必要である。

同時に、消費地側でも、混載などにより束ねられてきた農産物を、複数の卸売市場あるいは小売物流センター向けに仕分けるノードを整備する必要がある。例えば首都圏のノードは、圏央道沿いなどの外周部に立地させ、都市中心部への貨物車流入を減らすことによって、ドライバーの拘束時間を短縮させると同時に、交通混雑を避け、計画的な輸送を可能にすることにもつながる。同時に、長距離輸送については、フェリー、鉄道へのモーダルシフトを積極的に展開すべきである。輸送日数が、トラック輸送より長くなる場合があるが、温度管理を徹底することによって、解決すると考えられる。以上をまとめると図のようになる。

さらに250km未満の中距離輸送においても、日帰り運行が難しい場合は、今後ドライバー確保が困難になる可能性が高い。その解決策として、中継輸送の導入も検討すべきである。一方で、短距離の地産地消型に対応したきめ細かなネットワーク構築も欠かせない。地域に密着した新しい短距離輸送サービス、例えば、鉄道、バスを利用した貨客混載、やさいバスなどが生まれてきている。これらのサービスに共通していることは、卸売市場経由ではない、生産と消費が直接結びついたものであることである。卸売市場向けの短距離輸送については、輸送手段が確保しやすく、かつ商品価格に対する物流コスト比率も比較的低いことから、これまではあまり問題とされてこなかった。そのため、各生産地が個別に輸送することが多かった。今後、需要に合わせた小口多頻度輸送がますます求められるなか、地域での混載、貨客混載などを進めることが重要である。また、生産地側が卸売市場に輸送するのではなく、卸売市場側主導の巡回集荷型のミルクランの導入も考えられる。

③パレット化、標準化の推進

農産物物流において、ドライバーが確保しにくい理由の1つとして、手荷役が多いということがある。10トン車では、手積み、手卸しの場合、作業にそれぞれ2時間程度かかり、作業者にとって大きな負担となる。そのため、パレット化の推進が欠かせないが、パレット、さらに段ボール箱のサイズが標準化されていないという問題がある。各生産地では、保管用に独自のパレットを利用していることが多く、一貫したパレチゼーションを目指すべきであるが、難しい。さらに、パレットを導入しても卸売市場での回収率が悪く、レンタルパレットの仕組みがうまく機能しない。このように課題も多いが、パレット化、標準化の推進は、積み替えを容易にし、混載を進める上でも重要であり、物流シ

ステム構築において欠かせない視点である。

　ドライバー不足、労働時間の見直しといった問題に直面するなか、これまで、無理な労働環境での輸送により成立していた、農産物物流は限界を迎えている。物流供給の制約は、今後、農産物物流に大きな影響を与えることが予想されるのであり、全国で生産された様々な農産物を、全国どこへでも、比較的安価に、確実に供給するためには、持続可能な農産物物流システム構築が必要となる。

注
1)矢野裕児(2022)「道路貨物運送業における労働力不足の推移」流通経済大学流通情報学部紀要
2)日本ロジスティクスシステム協会(2020)「ロジスティクスコンセプト 2030」
3)鉄道貨物協会(2019)「トラックドライバー不足の中期的見通しと対応策の検討と提案」
4)農林水産省・経済産業省・国土交通省 (2017)「農産品物流の改善・効率化に向けて」（農産品物流対策関係省庁連絡会議中間とりまとめ）
5)厚生労働省(2022)「トラック運転者の労働時間等に係る実態調査事業報告書」
6)洪京和(2022)「農産物物流における中長距離輸送の現状と課題」物流問題研究No.72

図　農産物物流ネットワークの体系

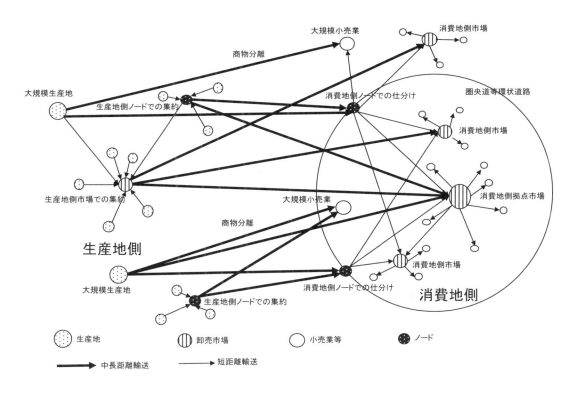

５．持続可能性を追求するパルシステム「お料理セット」

パルシステム生活協同組合連合会　常務執行役員　**高橋　宏通**

１．はじめに

　家庭を築き、子どもが生まれて家族が増える。そのとき「子どもには安全で安心な食事を」と考え、生協に加入する方が多い。時代の変化の流れとともに共働き世帯が増加するなかでも、「子どもの食事はきちんと料理をしたい」という組合員の声に、パルシステムとしてなにを提案していくか、暮らしの課題を解決するためになにができるのかということを念頭に議論を重ね、特に声の多かった「メニュー選定、調理時間」の解決策として「お料理セット」（写真１）の開発が 2014 年から始まった。

写真１　パルシステムお料理セット

　お料理セットの開発に当たり最も大切にしたことは、パルシステムの理念に沿った商品開発をすることだった。国産の野菜や肉を使用することはもとより、産直原料を積極的に使用することがパルシステムらしさと重きを置いてきた。パルシステムは、創立時から一貫して産直に力を入れており、全国の産直産地（注）とともに環境保全型農業を強力に進めてきた。それらの農産物を有効活用し、食料の自給率向上にも寄与していくことを目指している。

　（注）当会が定めた「産直協定」を交わし、栽培内容の公開、交流、環境保全型農業をともに推進

していくことを双方で確認している産地。

　また、お料理セットの魅力のひとつとして、調味料もセットになっていることが挙げられる。料理が苦手という方からは「味付けのバランスがうまくいかない」などの声もあり、良い素材をさらにおいしく食べていただくために調味料にもこだわった。調味料が付いていることで、味付けが１回で決まり、時短で、誰でも失敗なくおいしく作ることができる。この調味料も、化学調味料不使用でパルシステムが求める仕様をクリアしたものであり、調味料の小袋のみを販売して欲しいとの要望があるほど人気の調味料である。

　スタート時には、１週間当たり４アイテムの取り扱いだったお料理セットも、メニューや味のバリエーションを求める声が多く寄せられたことにより、現在では毎週 40 アイテムを取り扱う。利用者が飽きないよう、週替わりもしくは季節によって商品を入れ替えており、これまでに開発した商品数は数百におよぶ。

２．商品開発から製造までの一貫生産

　2014 年より本格展開したお料理セットだが、よりパルシステムらしいお料理セットを作るため、2017 年９月に群馬県邑楽郡板倉町に自社工場となる「パルシステム板倉食品加工センター」を稼働させた。関東近郊の産直産地や納品センター（さいたま市、神奈川県愛川町）にも遠くなく、東北自動車道 IC からも近いというアクセスの良さに加え、なんといっても決め手は良質な地下水が豊富にあることで、この地での建設を決定した（写真２）。

　当センターでは、野菜の洗浄には３〜４℃に冷却した地下水を使用し、鮮度を保っている。殺菌には野菜の風味を損ないにくいとされる電解次亜水を使用している。電解次亜水は、薄

い塩水を電気分解して作られる次亜塩素酸ナトリウムを主成分とする弱アルカリ性で、殺菌・除菌を目的とした有効塩素濃度が低濃度の殺菌性電解水である。殺菌の際、野菜に匂いが付くことがなく、作業者にも優しい。鮮度保持のため、加工のスピードも、野菜に包丁を入れてから通常 24 時間以内に個包装まで行うことを徹底している。

写真２　板倉食品加工センター

　野菜の芯や汚れを取るなどの下処理はすべて手作業で行い、野菜のカット自体も９割は手作業となるが、触れる回数が多いと素材を傷める可能性もあるため、最低限の工程数で正確にカットし、品質保持に努めている。この手間や時間が含まれた価格に納得して利用してもらうためにも、商品の品質は最重要視している。

　自社工場のメリットは、すべて自社で管理できることにある。使用する青果や畜肉原料の産直比率を高めることはもちろん、産直原料を使用した加工品や PB（プライベートブランド）商品をお料理セットに取り入れることで、パルシステムならではの商品づくりが可能となった。また、現場運用は実務のプロ集団であるグループ会社の株式会社パルラインが担うことで、物流から製造管理まで、すべて自社で完結することができた。

　現在は、週 40 アイテムを、当センターと製造委託工場を合わせ７か所で製造している。商品作りのために、７社が定期的に集まり、品質向上のための対策会議や意見交換を行い、組合員の満足度が高まる商品づくりを心掛けている。

る。

３．産直の関係生かす原料確保

　当センター開設時より、お料理セットで使用する青果原料の産直原料比率の向上が目標となっている。自社工場を設立後、コロナ禍の影響を受けて内食傾向が近年続いたこともあり、お料理セットの受注も年々伸長し続け、2021 年度では900 万点を超える利用となった（図１）。産直産地の青果取扱量も増加し、2018 年４月時点の当センターでの産直原料比率は 30%であったが、2018 年度年間では 42.6%まで伸長した。

図１　お料理セットの受注推移

　産直産地では、すでに青果での出荷計画を軸に作付けをしていることから、お料理セット用に出荷できる野菜の量の確保が困難な時もあった。そこで、2019 年からは近郊の産直産地の協力を得て、お料理セットのなかでも使用量の多いキャベツとにんじんについて実験的に加工向けの作付けを進めている（写真３）。また、規格外サイズのにんじんやさつまいも、巻きのあまいはくさいなど、青果では出荷できないが加工原料としては問題のない品質の野菜を有効利用するため、これらの規格基準の目合わせを産地と連携して行い、産地の余剰青果も効率よく活用し、圃場の歩留まり向上につながる取り組みを行っている。これは、生産段階の食品ロスの削減にも貢献している。

　産直産地からお料理セットへの出荷量が総合的に増える状況を作っていくことが、産直産地の生産・出荷の安定化につながると考えており、お料理セットの製造委託先にも産直産地の

青果原料を使用してもらうことで青果全体の安定に努めている。

写真3　産直産地のにんじん圃場

この取り組みとともに、各産地のお料理セットへの出荷量も徐々に向上した。当センター開設当初の産直産地の取引は24産地36品目であったが、2021年度では29産地44品目となり、自社工場での青果使用量に対する産直原料比率（製造使用量の重量ベース）は72.9%まで向上した。

今後も、国内の自給率向上、産直産地の安定した生産のためにも、お料理セットの出荷量の増加に伴い作付面積を拡大していけるよう産直産地と連携して進めていきたいと考えている。

4．さらなるサステナブルへ
（1）食品ロス問題
食品ロスの視点でいえば、パルシステムのお料理セットはスーパーなどの市販品とは違い、1週間前に注文を受けて注文数を製造する受注生産となる。その無駄のない仕組みが、パルシステムの宅配事業の強みともいえる。しかし、受注生産といえども青果の場合は歩留まりも考慮して納品するため、どうしても青果原料が余剰になる場合がある。

当センターの売上高（百万円）当たりの食品廃棄物の発生量は、開設当初の2017年度（6カ月間）実績が350kgだった。以降、年間で2018年278kg、2019年205kg、2020年179kg、2021年156kgと削減を続けている。

直近の実績の156kgは、農林水産省が定める食品廃棄物の業種別目標値（そう菜製造業：211kg）を下回る水準となっている。

廃棄率の削減に当たっては、製品の品質を考慮し、野菜の外葉や芯などまで商品に使用するというような方法ではなく、作業者のカット技術の向上のほか、長年の産直事業で培った産地との関係などから、鮮度が高く傷みが少ない良質な原料を調達することや、組合員の受注数と製造現場に入荷した原料の歩留まり（製品率）などを細かく調整して、なるべく原料を余らせず、傷みが生じる前の新鮮な状態で回転良く使用することなどで対応している。

また、家庭で野菜を切った時の端材やキャベツの芯など、料理に使えない部分はどうしても生ごみとして出されるが、お料理セットとして工場で野菜をカットして発生した食品廃棄物はすべて、堆肥化を行うリサイクル施設での処理を委託している。専門業者にて3カ月程度かけて、市販の家庭菜園用肥料などにリサイクルされている。廃棄物とは別に、毎週一定数発生する食用可能な原料については、近年要請が増加しているフードバンク、子ども食堂や生活困窮者の方への炊き出しなどの事業に使用いただくことで社会的利用を図っている。

（2）プラスチック削減
近年、マイクロプラスチックをはじめとする脱プラスチックへの社会的関心は高まっており「環境問題に関する世論調査」（環境省、2019年）によれば9割がプラスチック削減へ「関心がある」と回答している。

当センターでの商品開発当初は、野菜毎にプラスチック包材で個包装したものをセットしていた。しかし利用者からの要望も高いプラスチックゴミ軽減の観点から、調理の工程で同時に炒める、または煮るものは、ミックス野菜にして一緒に梱包する工夫をした。このことによってプラスチックの小袋を削減できるうえ、調理する側もいくつも袋を開けなくてよいため手間が省けるという利点がある。

また当初から、お料理セットの素材をまとめ

るために使用してきたプラスチックトレーを
お届け後に回収するようにした。回収後はリサ
イクル原料となり、再びプラスチックトレーの
原料とする「トレー to トレー」を実現させた。
これを可能とするのも、メンバーシップで定期
的に配達するわれわれの強みであり、商品配達
時に回収することで組合員も負担なくリサイク
ルに参加できる。

　トレーの回収率は75%程度と、ほかのリサイ
クル回収品に比べても高い傾向にあり、トレー
の原料も55%を再生原料とするまで高めるこ
とができた。

　そして2022年7月からは、そのトレーの素
材をプラスチックから紙製への順次切り替え
を開始した（写真4）。10月には、形状の異な
る一部を除く対象全商品で切り替えが完了す
る。

写真4　お料理セット紙トレー

　使用後のトレーも宅配時に回収し、これも再
生して資源を循環させる。紙製トレーに乗せる
シートやカット野菜を入れる小袋にプラスチッ
クを使用するものの、1セット当たりのプラ
スチック使用量はこれまでの25gから7gと
なり、およそ7割にあたる18gの削減が実現す
る。切り替えが完了すれば、年間のプラスチッ
ク使用量は、前年度実績からの算出で146t削
減される見込みとなる。

　プラスチックトレー同様、使用後の紙製トレ
ーも次回配達時に回収し、新たな紙製トレーへ
と生まれ変わる。

　お料理セットのトレーには、セット作業時の

負荷や結露などに対する耐久性が必要で、紙製
トレー表面にコーティング剤を使用すれば強
度は高まるが、リサイクルが難しくなる。再生
可能な資源の最大限の有効活用を図るため、使
用後のトレーを紙製トレーに再生させること
を目標に開発を続け、完成までに3年の歳月を
要した。

　開発には、パルシステムPB「産直たまご」の
紙製包装資材・モウルドパックを製造する大石
産業㈱の存在が大きい。資源再生のノウハウを
持つ企業が参加してくれたことで、紙トレー開
発が実現できた。

　今後の商品供給では、利用者に回収を呼びか
けて紙製トレー再生原料として使用し、切り替
え前のプラスチック製トレーと同様、再生率
55%を目指している。

5．おわりに

　お料理セットの簡単・便利・時短といった特
性で料理の負担となっていた部分が解決し、さ
らにこの商品を利用することで環境にも優し
い取り組みに参加できる。作る楽しみとサステ
ナブルの両方を実感できるお料理セットは、今
後も組合員の中に浸透していくと考えている。

参考文献
農林水産省「食品廃棄物等の発生抑制の取組」
https://www.maff.go.jp/j/shokusan/recycle/syo
kuhin/hassei_yokusei.html
環境省「環境問題に関する世論調査」
https://survey.gov-online.go.jp/r01/r01-
kankyou/index.html

Ⅳ. 資料編

Ⅳ．資料編

1．農産物流通関連研究機関の令和4年度試験研究計画一覧

　農研機構では、「食料の自給力向上と安全保障」、「産業競争力の強化と輸出拡大」、「生産性と環境保全の両立」を我が国の農業・食品産業が目指すべき姿と考え、それを達成するため、農研機構内の先端的研究基盤、各研究開発分野の連携を強化し、関係組織との連携を通じて成果を実用化する。

　農研機構の令和4年度の研究計画の中から、園芸、食品、農産物流通などに関連する部分について、内容を紹介する。また、農林水産省農林水産政策研究所の令和4年度の試験研究計画について、それぞれ、ホームページの公開情報より抜粋し、取りまとめた。

　なお、令和4年5月に、農林水産省農林水産技術会議事務局において、イノベーション戦略2022が策定されたので、ここに紹介しておく。

農業・食品産業技術総合研究機構

1　アグリ・フードビジネス
（1）AI を用いた食に関わる新たな産業の創出とスマートフードチェーンの構築
○健康・嗜好可視化技術の開発とオーダーメードヘルスケア食の創出
- ・野菜の摂取増加につながる食事バランスの適正化や新ヘルスケア産業創出に向け、健常人の健康調査データであるヘルスデータ等の解析から軽度不調改善等に関連する食品成分と食材を選定する。
- ・栄養・健康機能性に関わる探索的なヒト介入試験を実施するとともに、嗜好性に関わる評価に有効な成分を選抜する。

○AI を用いた素材・調理加工技術の開発による新たな食産業の創出
- ・規格外野菜等食品素材の高付加価値用途開発に向け、粉粒体状の食品素材を安定的に 3D 成形可能な特性の制御幅や加工条件を明らかにする。また、植物タンパクを有効利用するための新規加工技術の開発を行う。

○データ駆動型流通・保存技術の開発によるスマートフードチェーンの構築
- ・流通過程での食品ロス削減のため、減耗率の高い野菜類の低コスト輸送実証試験を継続して実施し、野菜の国内低コスト輸送システムを開発する。
- ・米粉のバリューチェーン構築のため、業務用ニーズに適した米粉等の評価利用技術を実需者と連携して開発する。
- ・データ駆動型フードチェーン構築のため、官能評価と相関のある非破壊測定等のセンサ技術のユースケースを明らかにするとともに、青果物の品目データを拡充する。
- ・農林水産物や食品の安全、信頼性向上による輸出や国内流通の円滑化に資するため、対象品目に適した微生物の制御方法を開発する。また、かんしょ等の品種判別法の特異性を明らかにする。

2 スマート生産システム

（6）都市近郊地域におけるスマート生産・流通システムの構築（関東・東海・北陸地域）

○都市近郊における高鮮度・高品質野菜のジャストインタイム生産・流通システムの実現

- ・省力的で環境負荷の少ない露地野菜生産技術の確立に向け、畝立て同時2段局所施肥機の化学肥料削減効果を明らかにする。また、キャベツについて化学肥料を3割削減しても減収しない緑肥や堆肥の施用条件を示す。

（7）中山間地域における地域資源を活用した多角化営農システムの構築（近畿-中国-四国地域）

○中山間地域における地産地消ビジネスモデルの構築による地方創生の実現

- ・中山間地域における農家所得向上を図るため、新品種及びICTを活用したビジネスモデルと生物資源等を活用した地域農産物の高付加価値化技術を組み込んだビジネスモデルを提示するとともに、需要に応じた地域農産物の生産を可能とする最適土地利用計画手法を開発する。
- ・中山間地域における麦及び大豆の品質・収量安定化のため、ICTを活用した排水対策技術による麦及び大豆の増収を実証する。
- ・中山間地域における有機産品の消費拡大のため、商品選択に関する消費者の意識調査を実施し、環境保全に寄与する商品の選択に係る消費者意識を明らかにする。

3 アグリバイオシステム

（11）果樹・茶の育種・生産プロセスのスマート化による生産性向上と国際競争力強化

○国際競争力強化に資する果樹新品種の育成

- ・リンゴ、ナシ、モモ、カキ、ブドウ等の品種候補系統について地域適応性の評価を継続して行うとともに、日持ちの良いカキ系統を品種登録出願する。
- ・農研機構で育成するニホンナシ品種のDNA情報の基準となる主要品種「あきづき」のドラフトシーケンスを決定する。

○データ駆動型栽培管理システムによる果樹の生産性向上

- ・温暖化によるリンゴ着色不良発生の将来予測マップを作成するとともに、気象条件からカキの開花期等の生育を予測するモデルを開発する。
- ・果実収穫ロボットの開発において、改良機を現地ほ場にて実働させ、作業性を比較し評価する。

○カンキツの機能性成分高含有品種の育成と高付加価値化によるブランド力向上

- ・機能性成分高含有系統について各地域での果実特性等の評価を継続し、β-クリプトキサンチン含量を分析する。
- ・シールディング・マルチ栽培技術については、段畑園におけるシールディング・マルチ栽培の問題点を洗い出し、技術改良を進めるとともに、現地実証園における連年の経営評価を行う。

○健康機能性成分を含む茶品種の育成と大規模スマート生産の実現

- ・カフェインレス茶品種の品種登録出願に必要な幼木期の年次反復データを取得する。
- ・機能性成分高含有品種の香味を維持できる濃縮法及び冷水抽出効率を明らかにする。
- ・冷凍保管した茶葉の製茶条件や冷凍、解凍方法について明らかにするとともに、茶葉の低温保管による製茶工場の受入れ量増加効果を試算する。

以上に加えて、「せいめい」の普及のため、鹿児島県と連携して煎茶加工技術確立のための再現性試験を行うとともに、SOPを活用した普及活動により累計50ha以上に普及させる。

（12）育種・生産技術のスマート化による野菜・花き産業の競争力強化

○データ駆動型高効率生産システムによる施設野菜・花き生産の高収益化

・トマト、キュウリ、パプリカ及びイチゴの生育収量予測技術については、生産現場の利便性を高めるため、対応品種を合計45品種に拡大する。

・収量予測WAGRI-APIの利用拡大のため、企業や公設試と連携したアプリケーション試用を行い、3か所の栽培現地において有効性を実証する。

・センサーやAIを利用した環境制御技術については、汎用性を高めるため、生育収量予測技術との連携による効果を明らかにする。

○データ駆動型生産管理システムによる露地野菜・花きのニーズ対応安定出荷

・キャベツ・レタス生育予測については、外部機関と連携し、精密出荷予測システムを活用した適期収穫によるほ場廃棄の削減と出荷調整を導入することによって、令和元年度比10%の収益向上効果を実証する。

・露地キク類については、中・高緯度地域で栽培される盆〜秋彼岸需要期用の露地キク類の選抜品種を用いた計画生産の高精度化（収穫適期予測精度±5日）を実証するとともに、キク類流通保管時の品質保持技術（夏秋需要期7日以上）を開発する。

・生育予測における土壌水分情報活用技術の開発については、キャベツについて土壌水分パラメータを組み込むことにより、現状30%程度の乾燥による重量増加シミュレーションの誤差を15%程度にする生育モデルを開発する。

○病害虫抵抗性品種及び機能性品種の開発による野菜・花きの安定供給と需要拡大

・国内の代表的な青枯病菌96菌株をコアセットとして選定するとともに、同セットに対するナスコアコレクション100品種・系統の抵抗性を評価する。

・輸送性や病害抵抗性等で既存品種を上回る輸出向けイチゴF1品種候補を選定する。

・良日持ち性ダリア「エターニティ」シリーズの普及拡大を図るとともに、新規有望系統の諸特性を評価し、1品種以上を品種登録出願する。

○ゲノム・表現型情報に基づく野菜・花き育種基盤の構築と育種の加速化

・有用育種素材の選定に向け、キュウリうどんこ病強度抵抗性遺伝子領域を1cM程度に絞り込むとともに、トマトのCO_2反応性の評価指標を1つ以上選定して評価手法を確立する。

・タマネギ大玉性品種の効率的選抜マーカーの効果を検証する。

・機能性成分の高含有育種素材の開発に向けて、ダイコンの葉（約400品種・系統）のケルセチン含量を測定し高含有系統を選抜するとともに、ナス含有アセチルコリンの部位別分布状態及び収穫後の保存状態や期間による含量変動を明らかにする。

　以上に加え、トルコギキョウ収穫予測技術については、生産現場の利便性を高めるため、対応品種を3品種に増加する。キャベツについては個体センシング型生育予測技術としてWAGRI-APIを作成し、生産管理システムへ発展させる。機能性成分を高含有するアブラナ科野菜有望系統の諸特性を評価し、品種登録出願候補を選定する。花きの老化遅延作用が認められた物質の構造を改変し、切り花への処理に適するよう水溶性を向上させた化合物を2種以上獲得する。

（13）生物機能の高度利用技術開発による新バイオ産業創出

○ゲノム編集技術体系の精緻化と社会受容に適合したゲノム編集農作物の創出

・精緻なゲノム編集技術体系構築のため、汎用性の高い塩基置換技術を確立する。また、発現調節効率及び発現を精密に調節するための最適標的部位を明らかにする。

・社会受容に適合したゲノム編集農作物の創出に向け、毒素低減バレイショ等のゲノム編集作物

について隔離ほ場における野外栽培試験を実施し、特性評価を行う。さらに、国民理解醸成に向けて、ゲノム編集教育プログラムを開発する。

4 ロバスト農業システム

（16）病害虫・雑草のデータ駆動型防除技術の開発による農作物生産の安定化

○果樹・茶病害虫の環境負荷軽減型防除技術による輸出力強化
- 国内未発生害虫の諸外国における侵入警戒調査結果を取りまとめ、農水省に報告する。
- 産地ニーズに合わせた二番茶・秋冬番茶の輸出を可能とする輸出対応型の防除体系を4産地以上で実証する。
- キウイフルーツかいよう病のまん延防止のため、キウイフルーツの花粉除菌方法を確立するとともに、防除に有効な液体増量剤と除菌剤の組合せを決定する。

農林水産省農林水産政策研究所

1．プロジェクト研究
- 所得向上等に繋がる農林水産物・食品の輸出拡大や食品産業の海外展開の促進に関する研究
- 地域農業・農村社会の構造変化を踏まえた農業経営の改善・農村コミュニティの維持・活性化に関する研究
- 自然資本の利活用と農山漁村づくりの構築による食料システムを支える持続可能な農山漁村の創造に関する研究
- 主要国における農業政策の改革の進展とそれを踏まえた中長期的な世界食料需給に関する研究

2．行政対応特別研究
- 農山漁村発イノベーションにおけるデジタル活用に関する研究

3．連携研究スキームによる研究（政策研連携研究課題）
- ポスト新型コロナウイルス時代における食料安全保障のあり方に関する研究
- 超高齢社会における社会・健康問題の解決に資する学際的研究
- ナッジ等を活用した気候変動への対応等環境政策の推進に関する研究
- 農福連携の地域経済・社会、障害者の心体への効果に関する研究
- 環境に配慮した農業生産活動による生態系及び社会経済等持続可能性の総合的評価手法の開発に関する研究
- 地域農業の持続可能性の向上に向けた農業法人の総合的企業価値の評価手法の開発に関する研究
- 世界の食料供給体制の変化と日本の食料安全保障に関する研究

農林水産研究イノベーション戦略 2022

(令和 4 年 5 月 24 日農林水産省農林水産技術会議事務局)

重点的に行う研究政策

1. 持続可能で健康な食の実現

　世界の温室効果ガス（GHG）全排出量の約 3 分の 1 を占めるなど、食料システムからの環境負荷の低減等その持続可能性の向上は不可避の要請である。一方、がんや心疾患、サルコペニア、認知症といった長寿命化・高齢化に伴う問題は、我が国の医療費、介護費の増大を引き起こすとともに、若年、労働力世代の介護負担も増大するなど、社会経済的損失は膨大。感染症の脅威も顕在化する中、疾病に至らないための食を通じた健康管理の浸透は、今後の我が国社会の重要な課題である。

　世界的にも「持続可能で健康な食」の提供等食への要求が高まり、また、研究関係では、ゲノム解析や AI 等を用いたデータ解析技術の高度化により食の機能性の解明、腸内細菌叢のデータ収集、個人の体調に応じた食に関する研究やアンチエイジングと食との関係に関する研究、複雑な食品成分の分析技術の開発等食に関する研究が国内外で進展している。また、生産から流通、消費までのフードチェーンの各段階のデータを連携させる「スマートフードチェーン」の研究が進行している。一方、民間事業者等による体調や食物の摂取状況に応じた食の提案を行うアプリ等のサービス（個別化栄養提供サービス）は拡大している。

　これらを踏まえ、世界的な食料需要の増大や調達リスクも念頭に、環境負荷低減等の要請に対応しつつ、健康面からもニーズの高い国産食材を安定的に供給するとともに、健康効果も含む我が国の多様な食材の価値に係る情報の蓄積とその伝達を進めることにより、国産品ニーズを創出し、我が国の食料で国民の健康を持続的に支える環境整備を推進する。これらにより、我が国において国民の Well-being の実現に主要な役割を果たす農林水産業、食に関する新たなビジネスを創造し、我が国の食材の海外展開にも貢献する。

① 持続性と高い健康機能性の双方を実現する生産システムの構築

　・我が国の農産物で日本人の健康を支えるため、高機能性農作物や生産性の高いダイズなどの重要作物等の品種開発を推進する。これらを環境と調和して生産するため、環境負荷が低い生産システムを開発するとともに、農作物の機能性を高度に発現させる生産方法を開発する。

② 健康に関する体系的な国産食材情報の蓄積・提供

　・各種の食材や食事パターンと健康との関連性を明らかにするため、府省連携、産学官連携の下で、実際の摂食内容を簡便かつ正確に把握するための手法の高度化を図るとともに、ヒト介入試験も積極的に取り入れつつエビデンスを蓄積する。

　・また、我が国の多彩な食材が個別化栄養提案サービス等において積極的に活用されるよう、品種の持つ特性や生産条件による差異なども含め、栄養・機能性に関するデータ等健康効果のエビデンスをきめ細かく蓄積し、全ての世代や地域において健康のための食デザインへの活用を可能とする環境づくりを推進する。

③ 食の総合的な価値の伝達システムの構築

　・これからの食品や食材に要求されるおいしさ、新鮮さだけではない価値としての健康への効果や環境調和性等のデータが消費者に正確に届くよう生産・加工・流通・消費を通じたデータ連携基盤を構築・強化する。

　・データ連携基盤を基に、カーボンニュートラルや資源の循環利用、生物多様性への貢献も含

む食材等の総合的な価値を様々な世代に分かりやすく伝え、行動変容を促す訴求手法、インセンティブ制度を構築するための技術を開発する。
　・こうしたデータの活用による新たなビジネスの創出に向け、オープンイノベーション環境を整備する。
　・消費拡大や輸出促進を念頭に置いたエビデンスに基づく日本食の訴求力向上の手法については、既存のコホート研究の成果等とも連携し、上記エビデンス等の蓄積を活用し、体系化する。

２．2050 年カーボンニュートラル達成への貢献と資源循環の追求

我が国の平均気温は 100 年当たり 1.28℃の割合で上昇し、世界の２倍近い上昇率で温暖化が進行している。農林水産業は気候変動による影響を受けやすく、高温による農作物の品質低下や災害の激甚化による被害等が発生する。世界の GHG 排出量のうち農林業由来の GHG が 23％である一方、農林水産業は唯一の炭素吸収源セクターでもあり、カーボンニュートラルの達成に重要な役割を果たしている。また、「プラネタリー・バウンダリー」で示されるように、窒素、リンの循環は危機的状況となっている。

肥料等農業の基本的な物資のサプライチェーンにも不確実性がある。研究関係では、国内外で水素電池や太陽電池を始め、エネルギー関係の研究が進行している。また、牛からのメタン等の GHG 削減技術やバイオ炭等の炭素吸収関係の研究開発が進行中である。

これらの動向を踏まえ、物質循環機能を有する農林水産分野が潜在力を最大限発揮し、生産力との両立を図りながら、カーボンニュートラルや窒素・リン等の資源循環、生物多様性の保全といった地球環境に係る課題解決への世界的な要請に貢献する研究を推進する。その際、有用技術の導入にインセンティブを付与することで農林漁業者等の取組意欲を喚起し、国内外で効果を早期に発現させる仕組みや、生産性と持続性の両立の実現を支える基盤技術である品種開発力の抜本的強化も推進させる。

① 社会的要請に貢献度の高い技術の重点的な開発・実用化
　・唯一の炭素吸収源セクターとしてバイオ炭、早生樹・エリートツリー、ブルーカーボン等の持つポテンシャルを最大限に引き出すことによる農林水産分野の機能発揮、農業由来 GHG の大幅な発生抑制技術等世界的なインパクトを有し国際貢献にもつながるカーボンニュートラル技術の開発を推進する。
　・炭素吸収能力や資源化材料の調達可能性、国内外の現場における普及可能性等に基づく各要素技術のポテンシャル評価を踏まえ、投資効率の高い研究開発を重点的に実施する。
　・循環型社会の構築や食料安全保障の確保の観点から、国内生産に不可欠でありながら海外依存しているリン等の肥料、エネルギー等の基礎的な資材の国内調達を拡大するため、資源リサイクルによる肥料原料回収・利用技術や農山漁村エネルギーマネージメントシステム（VEMS）等を開発・実用化する。
　・環境に調和した食を提供するため、未利用エネルギーの利用技術等フードサプライチェーンの脱炭素化に向けた研究についても推進する。
　・破壊的イノベーションを目指し、未利用の生物機能のフル活用等による食料供給の拡大と地球環境保全を両立する食料生産システムの開発等ムーンショット型の研究開発を充実・加速化する。

② 国際連携等による成果の波及と市場メカニズムとの連結
　・我が国の国土の特徴を生かし、農・林・水の垣根を超えて潜在力を発揮するため、関係する国立研究開発法人間の連携を進めるとともに、異分野連携・府省連携を通じた幅広い技術導入に

より実用化を加速化する。

　　・さらに、水田からのメタン削減技術等の基盤農業技術について、国立研究開発法人の国際的ネットワークの下で、アジアモンスーン地域で応用するための共同研究を強化するとともに、牛や水田由来のメタン削減技術に係る米国との共同研究やEUのHorizon Europeとの連携等諸外国との国際共同研究を推進する。

　　・技術自体の開発と合わせ、社会実装段階においてカーボンニュートラルに関する市場メカニズム（クレジット取引、ESG投資等）との連結を可能とするために必要な評価手法等のツールを開発する。

　　・生産・加工・流通・消費を通じたデータ連携基盤を基に、カーボンニュートラルや資源の循環利用、生物多様性への貢献を進める活動方式について、消費者の行動変容を促す訴求手法、インセンティブ制度を構築するための技術を開発する。

③　生産力向上と持続性の両立を支える迅速な品種開発のための育種基盤「育種ハイウェイ」の構築

　　・生物資源の活用による地球環境課題や食料安全保障上の課題等の解決の加速化に向け、品種開発力の強化が重要であり、近年減少している我が国の新品種の出願数が増加に転じていくための育種基盤の確立が喫緊の課題である。

　　・ドローン画像を用いるなど急速に発展するフェノタイピング技術を活用し、ゲノム情報等のビッグデータに基づく育種AIを用いた選抜技術を実証・普及する。

　　・試験研究機関、大学、民間育種会社等我が国の育種勢力の結集の下で品種開発力を飛躍的に高めるため、これまでに開発してきたAI等を活用した育種の効率化技術の諸要素を強化・充実させ、作物横断的な「育種ハイウェイ」というべき国家的育種インフラ（スマート育種基盤）を構築・実証する。オープンイノベーションを促進し、育種支援サービス等、新たな育種関連産業を創出する。

　　・政策目的に照らしてオールジャパンで取り組むべき育種の方向性、スマート育種基盤の強化や産学官の連携の進め方等を整理した「みどりの品種開発取組方針（仮称）」を令和4年度中に策定する。

　　・海外の特許に対抗できるような我が国発の使いやすい画期的なゲノム編集技術を早期に複数開発・確立するとともに、これらの技術を活用した産学官のゲノム編集ラボやゲノム編集受託機関による育種サービス産業を創出する。

　　・また、林業分野においても、成長に優れ炭素貯留能力の高い樹木の品種開発を加速化し、林木育種期間を大幅に短縮するため、ゲノム情報を活用した育種技術の開発を推進する。

3．スマート農林水産業の早期実装を通じた諸課題の解決

　基幹的農業従事者が直近の5年間で約2割も減少するなど、農林水産業は深刻な労働力不足に直面している。我が国の農林水産業を未来に継承していくためには、スマート農林水産業の推進は不可欠である。同時に、資源のムダの削減や環境保全の観点からもピンポイントな農薬散布や施肥、給餌等を実現するスマート技術は必要となっている。

　農林水産業は地域を支える主要産業であり、デジタル実装による地域の課題の解決やデジタル化のメリットを享受できる心豊かな暮らしを目指し検討されているデジタル田園都市の実現においても、スマート農林水産業の現場への普及・拡大が重要な要素である。データ活用やAI、ロボット技術のみならず、VR/ARを用いた診断や栽培支援技術の開発も進展している。異分野では仮想空間の利用に大手企業の参入が進むなど、デジタル分野は目覚ましく進展している。また、農作業ロボ

ット等で電動化に対応した小型の農業機械の技術開発、漁海況予測技術の利用や大規模沖合養殖の実証も進展している。

　このような動向や実証事業の成果の検証結果を踏まえ、担い手不足が加速化する現場の課題解決や、気候変動やニーズの変化に対応するための戦略的な研究を進め、スマート技術を充実・強化する。また、多様な現場の実態に即して導入コストの低減を図ることなどによってスマート農林水産業の本格実装を進め、地域社会の変革に貢献する。

① 超省力・省資源型スマート農林水産技術の開発
　・農林水産研究イノベーション戦略 2021 で示した、自動化を可能とする作業ロボットや農林業機械、ICT・AI を活用した生産・作業管理技術、無駄のない養殖システム等スマート農林水産業の研究開発を着実に実施するとともに、品目横断的に利用できる汎用的な作業ロボットや様々な環境条件に対応できるロボット農機等の開発を戦略的に推進する。
　・スマート化に当たっては、他分野のエネルギー関係の研究開発と連携し、農林業機械の電化・水素化、電動漁船等に係る研究開発、ゼロエミッションハウス等施設園芸の脱炭素化に係る研究開発等を推進する。

② 社会実装を加速化する技術導入システムの構築
　・これまでのスマート農業実証の成果を検証し、情報発信するとともに、機械のシェアリングなどの産地ぐるみでの導入実証等により、スマート農林水産業のコストの低減を図るなど、スマート農林水産業技術の社会実装を促進する。

③ スマート農業人材の育成
　・農業教育機関での教育や農業者・指導者向けの研修、理工系人材の農業研究領域への人材流動化の促進等により、スマート農業における技術対応力・人材創出を強化する。

２．都道府県の農産物関連試験研究機関一覧（令和４年度）

試験研究機関名	郵便番号	所在地	電話番号	ＦＡＸ番号
【北海道】				
地方独立行政法人　北海道立総合研究機構				
農業研究本部　　　　中央農業試験場	069-1395	夕張郡長沼町東6線北15号	0123-89-2001	0123-89-2060
同　　　　　　　　上川農業試験場	078-0397	上川郡比布町南1線5号	0166-85-2200	0166-85-4111
同　　　　　　　　道南農業試験場	041-1201	北斗市本町680	0138-77-8116	0138-77-7347
同　　　　　　　　十勝農業試験場	082-0071	河西郡芽室町新生南9線2	0155-62-2431	0155-62-0680
同　　　　　　　　北見農業試験場	099-1496	常呂郡訓子府町弥生52	0157-47-2146	0157-47-2774
同　　　　　　　　花・野菜技術センター	073-0026	滝川市東滝川735	0125-28-2800	0125-28-2299
産業技術環境研究本部　食品加工研究センター	069-0836	江別市文京台緑町589-4	011-387-4111	011-387-4664
【青森県】				
地方独立行政法人　青森県産業技術センター				
農林総合研究所	036-0552	黒石市田中82-9	0172-52-4346	0172-52-4161
同　　　　　　　　野菜研究所	033-0071	上北郡六戸町犬落瀬字柳沢91	0176-53-7171	0176-53-8934
同　　　　　　　　りんご研究所	036-0332	黒石市牡丹平字福民24	0172-52-2331	0172-52-5934
同　　　　　　　　農産物加工研究所	033-0071	上北郡六戸町犬落瀬字柳沢91	0176-53-1315	0176-53-3245
同　　　　　　　　弘前工業研究所	036-8104	弘前市扇町1-1-8	0172-55-6740	0172-55-6745
【岩手県】				
岩手県農業研究センター	024-0003	北上市成田20-1	0197-68-2331	0197-68-2361
地方独立行政法人　岩手県工業技術センター	020-0857	盛岡市北飯岡2-4-25	019-635-1115	019-635-0311
【宮城県】				
宮城県農業・園芸総合研究所	981-1243	名取市高舘川上字東金剛寺1	022-383-8111	022-383-9907
宮城県産業技術総合センター	981-3206	仙台市泉区明通2-2	022-377-8700	022-377-8712
【秋田県】				
秋田県農業試験場	010-1231	秋田市雄和相川字源八沢34-1	018-881-3330	018-881-3939
秋田県果樹試験場	013-0102	横手市平鹿町醍醐字街道下65	0182-25-4224	0182-25-3060
秋田県総合食品研究センター	010-1623	秋田市新屋町字砂奴寄4-26	018-888-2000	018-888-2008
【山形県】				
山形県農業総合研究センター	990-2372	山形市みのりが丘6060-27	023-647-3500	023-647-3507
同　　　　　　　　園芸農業研究所	999-0043	寒河江市大字島字島南423	0237-84-4125	0237-84-4127
山形県工業技術センター	990-2473	山形市松栄2-2-1	023-644-3222	023-644-3228
【福島県】				
福島県農業総合センター	963-0531	郡山市日和田町高倉字下中道116	024-958-1700	024-958-1726
同　　　　　　　　果樹研究所	960-0231	福島市飯坂町平野字壇の東1	024-542-4191	024-542-4749
福島県ハイテクプラザ会津若松技術支援センター	965-0006	会津若松市一箕町鶴賀下柳原88-1	0242-39-2100	0242-39-0335
【新潟県】				
新潟県農業総合研究所　作物研究センター	940-0826	長岡市長倉町857	0258-35-0836	0258-35-0021
同　　　　　　　　園芸研究センター	957-0111	北蒲原郡聖籠町真野177	0254-27-5555	0254-27-2659
同　　　　　　　　食品研究センター	959-1381	加茂市新栄町2-25	0256-52-0448	0256-52-6634
【富山県】				
富山県農林水産総合技術センター園芸研究所	939-1327	砺波市五郎丸288	0763-32-2259	0763-33-2476
同　　　　　　　　食品研究所	939-8153	富山市吉岡360	076-429-5400	076-429-4908
【石川県】				
石川県農林総合研究センター農業試験場	920-3101	金沢市才田町戊295-1	076-257-6911	076-257-6844
同　　　　同　　　砂丘地農業研究センター	929-1126	かほく市内日角井5-2	076-283-0073	076-283-2204
石川県工業試験場	920-8203	金沢市鞍月2-1	076-267-8081	076-267-8090
【福井県】				
福井県農業試験場	918-8215	福井市寮町辺操52-21	0776-54-5100	0776-54-5106
同　　　　　　　　園芸研究センター	919-1123	三方郡美浜町久々子35-32-1	0770-32-0009	0770-32-5243
福井県食品加工研究所	910-0343	坂井市丸岡町坪ノ内1-1-1	0776-61-3539	0776-61-7034
【茨城県】				
茨城県農業総合センター　園芸研究所	319-0292	笠間市安居3165-1	0299-45-8340	0299-48-2545
同　　　　　　　　農業研究所	311-4203	水戸市上国井町3402	029-239-7211	029-239-7306
茨城県産業技術イノベーションセンター	311-3195	東茨城郡茨城町長岡3781-1	029-293-7212	029-293-8029

試験研究機関名	郵便番号	所在地	電話番号	FAX番号
【栃木県】				
栃木県農業試験場	320-0002	宇都宮市瓦谷町1080	028-665-1241	028-665-1759
栃木県産業技術センター	321-3226	宇都宮市ゆいの杜1-5-20	028-670-3391	028-667-9430
【群馬県】				
群馬県農業技術センター	379-2224	伊勢佐木市西小保方町493	0270-62-1021	0270-62-2297
群馬県立産業技術センター	379-2147	前橋市亀里町884-1	027-290-3030	027-290-3040
【埼玉県】				
埼玉県農業技術研究センター	360-0102	熊谷市須賀広784	048-536-0311	048-536-0315
埼玉県産業技術総合センター北部研究所	360-0031	熊谷市末広2-133	048-521-0614	048-525-6052
【千葉県】				
千葉県農林総合研究センター	266-0006	千葉市緑区大膳野町808	043-291-0151	043-291-5319
同　　　　　水稲・畑地園芸研究所	287-0026	香取市大根1295	0478-59-2200	0478-59-2100
同　　　　　暖地園芸研究所	294-0014	館山市山本1782	0470-22-2603	0470-22-2604
千葉県産業支援技術研究所	264-0017	千葉市若葉区加曽利町889	043-231-4325	043-233-4861
【東京都】				
公益財団法人　東京都農林水産振興財団				
東京都農林総合研究センター	190-0013	立川市富士見町3-8-1	042-528-0505	042-522-5397
東京都小笠原亜熱帯農業センター	100-2101	小笠原村父島字小曲	04998-2-2104	04998-2-2565
地方独立行政法人				
東京都立産業技術研究センター	135-0064	江東区青海2-4-10	03-5530-2111	03-5530-2765
同　　　　　食品技術センター	101-0025	千代田区神田佐久間町1-9	03-5256-9251	03-5256-9254
【神奈川県】				
神奈川県農業技術センター	259-1204	平塚市上吉沢1617	0463-58-0333	0463-58-4254
地方独立行政法人　神奈川県立産業技術総合研究所	243-0435	海老名市下今泉705－1	046-236-1500	046-236-1525
【山梨県】				
山梨県総合農業技術センター	407-0105	甲斐市下今井1100	0551-28-2496	0551-28-4909
山梨県果樹試験場	405-0043	山梨市江曽原1204	0553-22-1921	0553-23-3814
山梨県産業技術センター	400-0055	甲府市大津町2094	055-243-6111	055-243-6110
【長野県】				
長野県農業試験場	382-0072	須坂市小河原492	026-246-2411	026-251-2357
長野県南信農業試験場	399-3103	下伊那郡高森町下市田2476	0265-35-2240	0265-35-4887
長野県果樹試験場	382-0072	須坂市小河原492	026-246-2415	026-251-2357
長野県野菜花き試験場	399-6461	塩尻市宗賀床尾1066-1	0263-52-1148	0263-54-6340
長野県工業技術総合センター食品技術部門	380-0921	長野市栗田205-1	026-227-3131	026-227-3130
【静岡県】				
静岡県農林技術研究所	438-0803	磐田市富丘678-1	0538-35-7211	0538-37-8466
同　　　　　果樹研究センター	424-0101	静岡市清水区茂畑（無番地）	054-376-6150	054-376-5186
静岡県工業技術研究所	421-1298	静岡市葵区牧ヶ谷2078	054-278-3028	054-278-3066
【岐阜県】				
岐阜県農業技術センター	501-1152	岐阜市又丸729-1	058-239-3131	058-239-3139
岐阜県中山間農業研究所	509-4244	飛騨市古川町是重2-6-56	0577-73-2029	0577-73-2751
岐阜県産業技術総合センター	501-3265	関市小瀬1288	0575-22-0147	0575-24-6976
岐阜県食品科学研究所	501-1112	岐阜市柳戸1-1	058-201-2360	058-201-2363
【愛知県】				
愛知県農業総合試験場	480-1193	長久手市岩作三ヶ峯1-1	0561-62-0085	0561-63-0815
同　　　　　東三河農業研究所	440-0833	豊橋市飯村町高山11-48	0532-61-6235	0532-61-5770
同　　　　　山間農業研究所	441-2513	豊田市稲武町スソガエト11	0565-82-2029	0565-83-1022
あいち産業科学技術総合センター　食品工業技術センター	451-0083	名古屋市西区新福寺町2-1-1	052-325-8091	052-532-5791
【三重県】				
三重県農業研究所	515-2316	松坂市嬉野川北町530	0598-42-6354	0598-42-1644
三重県工業研究所	514-0819	津市高茶屋5-5-45	059-234-4036	059-234-3982
【滋賀県】				
滋賀県農業技術振興センター	521-1301	近江八幡市安土町大中516	0748-46-3081	0748-46-3567
同　　　　　花・果樹研究部	520-3003	栗東市荒張1373-18	077-558-0221	077-558-3670
滋賀県工業技術総合センター	520-3004	栗東市上砥山232	077-558-1500	077-558-1373
【京都府】				
京都府農林水産技術センター生物資源研究センター	619-0244	相楽郡精華町北稲八間大路74	0774-93-3525	0774-93-3528
同　　　　　農林センター	621-0806	亀岡市余部町和久成9	0771-22-0424	0771-24-4661
京都府中小企業技術センター	600-8813	京都市下京区中堂寺南町134	075-315-2811	075-315-9497

試験研究機関名	郵便番号	所在地	電話番号	FAX番号
【大阪府】				
地方独立行政法人　大阪府立環境農林水産総合研究所	583-0862	羽曳野市尺度442	072-958-6551	072-956-9691
地方独立行政法人　大阪産業技術研究所	594-1157	和泉市あゆみ野2-7-1	0725-51-2525	0725-51-2509
【兵庫県】				
兵庫県立農林水産技術総合センター				
同　　　　農業技術センター	679-0198	加西市別府町南ノ岡甲1533	0790-47-2400	0790-47-1130
同　　　　北部農業技術センター	669-5254	朝来市和田山町安井123	079-674-1230	079-674-2211
同　　　　淡路農業技術センター	656-0442	南あわじ市八木養宜中560-1	0799-42-4880	0799-42-2990
兵庫県立工業技術センター	654-0037	神戸市須磨区行平町3-1-12	078-731-4033	078-735-7845
【奈良県】				
奈良県農業研究開発センター	633-0046	桜井市池之内130-1	0744-47-4491	0744-47-4851
同　　　　果樹・薬草研究センター	637-0105	五條市西吉野町湯塩1345	0747-24-0061	0747-24-0063
奈良県産業振興総合センター	630-8031	奈良市柏木町129-1	0742-33-0863	0742-34-6705
【和歌山県】				
和歌山県農業試験場	640-0423	紀の川市貴志川町高尾160	0736-64-2300	0736-65-2016
同　　　　暖地園芸センター	644-0024	御坊市塩屋町南塩屋724	0738-23-4005	0738-22-6903
和歌山県果樹試験場	643-0022	有田郡有田川町奥751-1	0737-52-4320	0737-53-2037
同　　　　かき・もも研究所	649-6531	紀の川市粉河3336	0736-73-2274	0736-73-4690
同　　　　うめ研究所	645-0021	日高郡みなべ町東本庄1416-7	0739-74-3780	0739-74-3790
和歌山県工業技術センター	649-6261	和歌山市小倉60	073-477-1271	073-477-2880
【鳥取県】				
鳥取県農業試験場	680-1142	鳥取市橋本260	0857-53-0721	0857-53-0723
鳥取県園芸試験場	689-2221	東伯郡北栄町由良宿2048	0858-37-4211	0858-37-4822
地方独立行政法人　鳥取県産業技術センター				
食品開発研究所	684-0041	境港市中野町2032-3	0859-44-6121	0859-44-0397
【島根県】				
島根県農業技術センター	693-0035	出雲市芦渡町2440	0853-22-6708	0853-21-8380
島根県産業技術センター　浜田技術センター	697-0006	浜田市下府町388-3	0855-28-1266	0855-28-1267
【岡山県】				
岡山県農林水産総合センター　農業研究所	709-0801	赤磐市神田沖1174-1	086-955-0271	086-955-1914
岡山県工業技術センター	701-1296	岡山市北区芳賀5301	086-286-9600	086-286-9630
【広島県】				
広島県立総合技術研究所　農業技術センター	739-0151	東広島市八本松町原6869	082-429-0522	082-429-0551
同　　　　農業技術センター果樹研究部	739-2402	東広島市安芸津町三津2835	0846-45-5471	0846-45-1227
同　　　　食品工業技術センター	732-0816	広島市南区比治山本町12-70	082-251-7433	082-251-6087
【山口県】				
山口県農林総合技術センター	753-0231	山口市大内氷上1-1-1	083-927-0211	083-927-0214
同　　　　柑きつ振興センター	742-2805	大島郡周防大島町東安下庄1209-1	0820-77-1019	0820-77-1352
地方独立行政法人　山口県産業技術センター	755-0195	宇部市あすとぴあ4-1-1	0836-53-5050	0836-53-5070
【徳島県】				
徳島県立農林水産総合技術支援センター	779-3233	名西郡石井町字石井1660	088-674-1660	088-674-3114
徳島県立工業技術センター	770-8021	徳島市雑賀町西開11-2	088-669-4711	088-669-4755
【香川県】				
香川県農業試験場	761-2306	綾歌郡綾川町北1534-1	087-814-7311	087-814-7316
同　　　　府中果樹研究所	762-0024	坂出市府中町6117-1	0877-48-0731	0877-48-1746
香川県産業技術センター　食品研究所	761-8031	高松市郷東町587-1	087-881-3175	087-881-0425
【愛媛県】				
愛媛県農林水産研究所	799-2405	松山市上難波甲311	089-993-2020	089-993-2569
同　　　　果樹研究センター	791-0112	松山市下伊台町1618	089-977-2100	089-977-2451
同　　　　同　　　　みかん研究所	799-3742	宇和島市吉田町法華津7-115	0895-52-1004	0895-52-1032
愛媛県産業技術研究所　食品産業技術センター	791-1101	松山市久米窪田町487-2	089-976-7612	089-976-7313
【高知県】				
高知県農業技術センター	783-0023	南国市廿枝1100	088-863-4912	088-863-4913
同　　　　果樹試験場	780-8064	高知市朝倉丁268	088-844-1120	088-840-3816
高知県工業技術センター	781-5101	高知市布師田3992-3	088-846-1111	088-845-9111

試験研究機関名	郵便番号	所在地	電話番号	FAX番号
【福岡県】				
福岡県農林業総合試験場	818-8549	筑紫野市吉木587	092-924-2936	092-924-2981
福岡県工業技術センター 生物食品研究所	839-0861	久留米市合川町1465-5	0942-30-6213	0942-30-7244
【佐賀県】				
佐賀県農業試験研究センター	840-2205	佐賀市川副町南里1088	0952-45-2141	0952-45-8801
佐賀県果樹試験場	845-0014	小城郡小城町晴気91	0952-73-2275	0952-71-1020
佐賀県工業技術センター	849-0932	佐賀市鍋島町八戸溝114	0952-30-9398	0952-32-6300
【長崎県】				
長崎県農林技術開発センター	854-0063	諫早市貝津町3118	0957-26-3330	0957-26-9197
同　　　　　果樹・茶研究部門	856-0021	大村市鬼橋町1370	0957-55-8740	0957-55-6716
長崎県工業技術センター	856-0026	大村市池田2-1303-8	0957-52-1133	0957-52-1136
【熊本県】				
熊本県農業研究センター	861-1113	合志市栄3801	096-248-6411	096-248-7039
同　　　　農産園芸研究所	861-1113	合志市栄3801	096-248-6444	096-248-6450
同　　　　果樹研究所	869-0524	宇城市松橋町豊福2566	0964-32-1723	0964-33-1575
熊本県産業技術センター	862-0901	熊本市東区東町3-11-38	096-368-2101	096-369-1938
【大分県】				
大分県農林水産研究指導センター	879-7111	豊後大野市三重町赤嶺2328-8	0974-28-2074	0974-28-2054
同　　　農業研究部　果樹グループ	873-0511	国東市国東町小原4402	0978-72-0407	0978-72-3402
同　　　農業研究部　花きグループ	874-0844	別府市大字鶴見710-1	0977-66-4706	0977-67-5218
大分県産業科学技術センター	870-1117	大分市高江西1-4361-10	097-596-7101	097-596-7110
【宮崎県】				
宮崎県総合農業試験場	880-0212	宮崎市佐土原町下那珂5805	0985-73-2121	0985-73-2127
宮崎県食品開発センター	880-0303	宮崎市佐土原町東上那珂16500-2	0985-74-2060	0985-74-4488
【鹿児島県】				
鹿児島県農業開発総合センター	899-3401	南さつま市金峰町大野2200	099-245-1125	099-245-1129
大隅加工技術研究センター	893-1601	鹿屋市串良町細山田4938	0994-31-0311	0994-31-0319
鹿児島県工業技術センター	899-5105	霧島市隼人町小田1445-1	0995-43-5111	0995-64-2111
【沖縄県】				
沖縄県農業研究センター	901-0336	糸満市真壁820	098-840-8501	098-840-8510
沖縄県工業技術センター	904-2234	うるま市州崎12-2	098-929-0111	098-929-0115

3．参考資料

表1　集出荷組織別予冷施設の保有状況（平成18年）

区分	集出荷組織数	予冷施設保有組織					
		真空予冷式		差圧予冷式		強制通風式	
		保有組織数	基数	保有組織数	室数	保有組織数	室数
	組織	組織	基	組織	室数	組織	室
野菜							
集出荷組織計	2,110	290	668	274	625	567	1,760
集出荷団体	1,470	259	615	256	593	453	1,570
総合農協	1,110	256	611	249	585	423	1,530
専門農協	23	1	x	−	−	4	8
任意組合	342	2	x	7	8	26	34
集出荷業者	604	24	40	18	32	112	184
産地集荷市場	32	7	13	−	−	2	x
果実							
集出荷組織計	1,600	34	60	66	147	177	432
集出荷団体	1,100	23	42	61	139	145	378
総合農協	696	16	30	54	131	125	350
専門農協	45	−	−	1	x	5	11
任意組合	355	7	12	6	x	15	17
集出荷業者	484	11	18	5	8	32	54
産地集荷市場	18	−	−	−	−	−	−

資料：農林水産省統計情報「平成18年 青果物集出荷機構調査報告」
注 1)「−」は事実のないもの、「x」は秘密保護上統計数値を公表しないものを示す
　 2)本調査は5年周期で実施される

表2　集出荷組織別貯蔵施設の保有状況（平成18年）

区分	集出荷組織数	貯蔵施設保有組織					
		普通倉庫		低温貯蔵庫		CA貯蔵庫	
		保有組織数	棟数	保有組織数	棟数	保有組織数	棟数
	組織	組織	棟	組織	棟	組織	棟
野菜							
集出荷組織計	2,110	415	915	639	1,400	21	35
集出荷団体	1,470	176	485	357	896	15	26
総合農協	1,110	145	432	317	827	15	26
専門農協	23	6	19	13	34	−	−
任意組合	342	25	34	27	35	−	−
集出荷業者	604	234	422	272	481	6	9
産地集荷市場	32	5	8	10	21	−	−
果実							
集出荷組織計	1,600	298	529	395	813	73	175
集出荷団体	1,100	113	x	202	x	39	x
総合農協	696	60	179	141	380	28	78
専門農協	45	8	x	11	x	3	x
任意組合	355	45	75	50	85	8	14
集出荷業者	484	184	263	192	311	33	71
産地集荷市場	18	1	x	1	x	1	x

資料：農林水産省統計情報「平成18年 青果物集出荷機構調査報告」
注 1)「−」は事実のないもの、「x」は秘密保護上統計数値を公表しないものを示す
　 2)本調査は5年周期で実施される

表3　都道府県別予冷施設保有状況（平成18年）

都道府県	真空冷却式 野菜 保有組織数 組織	真空冷却式 野菜 基数 基	真空冷却式 果実 保有組織数 組織	真空冷却式 果実 基数 基	差圧冷却式 野菜 保有組織数 組織	差圧冷却式 野菜 室数 室	差圧冷却式 果実 保有組織数 組織	差圧冷却式 果実 室数 室	強制通風式 野菜 保有組織数 組織	強制通風式 野菜 室数 室	強制通風式 果実 保有組織数 組織	強制通風式 果実 室数 室
全国	290	668	34	60	274	625	66	147	567	1,760	177	432
1 北海道	26	64	-	-	10	26	-	-	88	271	7	12
2 青森	15	40	5	10	17	24	-	-	29	44	9	26
3 岩手	13	44	1	x	1	x	-	-	17	84	11	27
4 宮城	1	x	-	-	3	12	-	-	7	36	-	-
5 秋田	2	x	-	-	7	37	1	x	10	78	3	4
6 山形	1	x	3	4	6	8	6	13	11	32	20	60
7 福島	10	18	1	x	11	28	1	x	16	47	4	7
8 茨城	19	44	1	x	18	53	1	x	18	34	3	5
9 栃木	5	9	1	x	4	14	-	-	16	54	4	15
10 群馬	21	48	-	-	4	5	-	-	18	70	2	x
11 埼玉	18	31	1	x	6	8	-	-	7	12	-	-
12 千葉	11	30	-	-	9	19	-	-	22	48	4	4
13 東京	-	-	-	-	-	-	-	-	-	-	-	-
14 神奈川	-	-	-	-	-	-	-	-	1	x	-	-
15 新潟	6	6	1	x	16	39	2	x	7	22	3	11
16 富山	-	-	-	-	2	x	-	-	5	5	-	-
17 石川	1	x	-	-	5	7	1	x	3	3	-	-
18 福井	1	x	-	-	3	12	1	x	3	4	-	-
19 山梨	4	5	2	x	6	7	6	10	1	x	2	x
20 長野	20	106	1	x	12	36	4	6	25	77	11	32
21 岐阜	1	x	-	-	5	8	-	-	7	23	-	-
22 静岡	11	22	2	x	6	12	1	x	8	21	8	20
23 愛知	6	9	-	-	5	7	5	9	9	13	2	x
24 三重	1	x	-	-	3	11	1	x	4	5	4	4
25 滋賀	-	-	-	-	1	x	-	-	5	20	2	x
26 京都	1	x	-	-	1	x	-	-	2	x	-	-
27 大阪	-	-	4	4	-	-	4	4	1	x	4	4
28 兵庫	4	11	-	-	-	-	-	-	7	12	-	-
29 奈良	-	-	-	-	2	x	1	x	4	6	1	x
30 和歌山	4	6	2	x	4	9	3	21	2	x	5	6
31 鳥取	3	6	-	-	8	12	2	x	4	7	-	-
32 島根	1	x	-	-	2	x	-	-	5	26	1	x
33 岡山	3	9	-	-	5	13	3	10	12	41	9	24
34 広島	3	12	-	-	6	19	3	6	12	79	8	27
35 山口	2	x	-	-	2	x	1	x	7	40	2	x
36 徳島	17	23	1	x	16	19	1	x	9	11	1	x
37 香川	7	12	1	x	9	22	5	11	5	21	3	9
38 愛媛	3	10	-	-	10	24	2	x	10	29	4	17
39 高知	5	10	1	x	1	x	1	x	37	101	2	x
40 福岡	7	12	-	-	7	16	1	x	13	69	7	18
41 佐賀	3	4	-	-	4	7	1	x	7	17	-	-
42 長崎	12	17	-	-	9	13	2	x	30	63	11	19
43 熊本	5	7	2	x	13	31	2	x	13	21	2	x
44 大分	5	7	3	4	6	15	1	x	10	26	5	8
45 宮崎	4	5	-	-	6	24	2	x	20	63	5	27
46 鹿児島	8	15	1	x	3	5	1	x	19	48	7	10
47 沖縄	-	-	-	-	-	-	-	-	1	x	1	x

資料：農林水産省統計情報「平成18年 青果物集出荷機構調査報告」
注 1)「-」は事実のないもの、「x」は秘密保護上統計数値を公表しないものを示す
　　2)本調査は5年周期で実施される

表4　都道府県別貯蔵施設保有状況（平成18年）

都道府県	普通倉庫 野菜 保有組織数 (組織)	普通倉庫 野菜 棟数 (棟)	普通倉庫 果実 保有組織数 (組織)	普通倉庫 果実 棟数 (棟)	低温貯蔵庫 野菜 保有組織数 (組織)	低温貯蔵庫 野菜 棟数 (棟)	低温貯蔵庫 果実 保有組織数 (組織)	低温貯蔵庫 果実 棟数 (棟)	CA貯蔵庫 野菜 保有組織数 (組織)	CA貯蔵庫 野菜 棟数 (棟)	CA貯蔵庫 果実 保有組織数 (組織)	CA貯蔵庫 果実 棟数 (棟)
全国	415	915	298	529	639	1,400	395	813	21	35	73	175
1 北海道	111	371	6	7	92	262	10	14	2	x	–	–
2 青森	20	33	64	147	33	110	105	197	3	7	41	103
3 岩手	4	9	–	–	6	14	3	9	–	–	–	–
4 宮城	3	12	2	x	2	x	2	x	–	–	–	–
5 秋田	–	–	5	8	1	x	9	24	–	–	2	x
6 山形	4	12	33	44	2	x	18	33	–	–	–	–
7 福島	3	7	7	8	8	12	7	11	–	–	1	x
8 茨城	9	15	1	x	23	55	5	8	1	x	–	–
9 栃木	3	7	–	–	7	8	–	–	–	–	–	–
10 群馬	8	11	1	x	11	22	–	–	–	–	–	–
11 埼玉	6	9	1	x	16	25	3	3	1	x	–	–
12 千葉	11	13	1	x	24	54	2	x	–	–	–	–
13 東京	–	–	–	–	–	–	1	x	–	–	–	–
14 神奈川	4	6	6	8	3	4	6	10	–	–	–	–
15 新潟	3	10	–	–	10	19	1	x	–	–	1	x
16 富山	2	x	1	x	5	5	4	7	–	–	–	–
17 石川	1	x	1	x	5	5	–	–	1	x	–	–
18 福井	1	x	–	–	3	5	–	–	–	–	–	–
19 山梨	1	x	1	x	5	5	5	12	–	–	–	–
20 長野	8	13	14	26	20	51	28	74	–	–	2	x
21 岐阜	5	11	4	5	4	6	1	x	1	x	–	–
22 静岡	9	14	10	13	22	37	11	21	–	–	–	–
23 愛知	14	18	1	x	21	28	3	3	–	–	–	–
24 三重	1	x	6	16	4	6	4	4	–	–	1	x
25 滋賀	3	7	3	8	2	x	2	x	–	–	–	–
26 京都	–	–	–	–	7	10	–	–	1	x	–	–
27 大阪	1	x	4	4	5	8	5	9	1	x	4	4
28 兵庫	22	34	1	x	30	69	4	7	3	3	–	–
29 奈良	7	9	2	x	7	12	3	3	–	–	1	x
30 和歌山	9	26	21	43	10	22	31	58	–	–	5	14
31 鳥取	3	8	1	x	8	13	1	x	–	–	–	–
32 島根	–	–	–	–	3	15	–	–	–	–	–	–
33 岡山	8	13	5	17	9	21	3	4	–	–	–	–
34 広島	2	x	11	15	5	10	18	34	–	–	1	x
35 山口	1	x	6	12	1	x	4	5	–	–	–	–
36 徳島	6	7	1	x	20	27	4	8	1	x	–	–
37 香川	2	x	2	x	8	19	4	7	–	–	–	–
38 愛媛	8	26	10	19	13	22	23	76	–	–	1	x
39 高知	9	13	–	–	16	31	2	x	3	3	–	–
40 福岡	5	13	6	16	13	23	9	22	–	–	1	x
41 佐賀	12	24	3	17	14	51	4	31	–	–	3	7
42 長崎	44	81	14	21	51	92	7	12	1	x	6	9
43 熊本	10	12	18	24	20	29	9	17	1	x	1	x
44 大分	7	13	11	13	10	19	10	28	–	–	1	x
45 宮崎	13	19	2	x	17	43	3	4	–	–	–	–
46 鹿児島	9	16	10	12	27	57	9	22	1	x	1	x
47 沖縄	3	6	2	x	16	55	12	23	–	–	–	–

資料：農林水産省統計情報「平成18年 青果物集出荷機構調査報告」
注 1)「−」は事実のないもの、「x」は秘密保護上統計数値を公表しないものを示す
　 2)本調査は5年周期で実施される

表5 野菜の呼吸速度

(CO$_2$mg/kg/hr)

野菜の種類	0	1	5	6	10	15	16	20	21	24	25
タマネギ	3		4			10	11		17		25
バレイショ	男爵 3	5	4~6				12		13	12	
ヤマノイモ	長イモ	1	2		5			17			
レンコン		1	2		3			18			
クワイ		4	6	11		アオクワイ		16			
ニンニク			5								
カンショ	紅赤		5		10(11)	12~16(13)					
ハクサイ	5				11	オリンピア		18			
メロン	Favourite			4~5	9~12			20~40			
フキ	6		8		13	22		33			50
ピーマン	8	エース			18			34			
ダイコン	総太り(根)				34			38			48(27)
トマト			10~20				20			50	
	4		12		20	強力 東光		48			
カブ		11			22	夏まき13		37			64(28)
サトイモ			18		23	大和 早生		43			
セロリ		7		11				35	64		
チンゲンサイ	12		14		32	21		47			44
レタス	11		17				36	38	55	64	
						36		60			101
ニンジン			10~20				39	40		66	
ナス	12		デコワナス		26			70			100~150
キュウリ			9~14	35(7)		56		86			110
キャベツ	6		10				57	83			
	8							41	38		
ニラ		8~16			15~21	グリーンベルト					88~144
ソラマメ			20								
ゴボウ		7	21	39				73			
カボチャ	12		16						91		
イチゴ		9	22		31			74			
室交早生	11~16		15~24		30~36	42		108			182(30)
カリフラワー			20				63				
サヤインゲン							92			321	202
葉タマネギ									117		
エダマメ	ふくら		42			104					223(30)
メキャベツ			40				106				
オクラ		25	40		100		144	125			
スイートコーン	30		43				161		228		
ネギ	九条					158					
サヤエンドウ	35		60					178	394		
グリンピース		105			紀州うすい			220			
シュンギク		105		120				215			
アスパラガス			24		42			220	222		230
	44		82				324				
ホウレンソウ	21		46				177	268	230		
	パイオニア		71		134	197					270(27)
ヒラタケ		20		65				300			
ナメコ		30	50					360			
マッシュルーム		30~65		75~95				270~420			
エノキダケ			50					380			
シイタケ			84		140	260		580		688	
ブロッコリー	20	37	97		172		230	300	310	692	
	96		112		197	207		420	シャスター		
ネギ(4mm切断)	91		164		198	286		469	九条		

(石谷1992.12)

表6 主な野菜の貯蔵条件と貯蔵可能日数

野菜の種類	貯蔵温度℃	関係湿度%	貯蔵期間	備考(出所、文献)
ア ス パ ラ ガ ス	0〜2	90〜95	2〜3週間	U.S.D.A
〃	1		10〜20日	北大農
セ ル リ ー	0	98〜100	2〜3カ月	U.S.D.A
ブ ロ ッ コ リ ー	0	90〜95	7〜10日	農施研48シ
〃	0	95〜100	10〜14日	U.S.D.A
カ リ フ ラ ワ ー	0	90〜95	30〜40日	千葉農
〃	0	95〜98	3〜4週間	U.S.D.A
ニ ラ キ	0	90〜95	1〜3カ月	農施研48シ
リ ー キ	0	95〜100	2〜3カ月	U.S.D.A
ミ ョ ウ ガ	0		6〜10日	神奈川農
ウ ド 根 株	1		5〜6カ月	神奈川農
ミ ツ バ 根 株	1		3〜4カ月	神奈川農
パ セ リ	0		8〜15日	食研, 静岡農
〃	0	95〜100	2〜2.5カ月	U.S.D.A
フ キ	7		15日	徳島
シ ュ ン ギ ク ナ	0		5〜10日	神奈川, 東京農
コ マ ツ ナ	0		15〜20日	神奈川農
ホ ウ レ ン ソ ウ	0	95〜100	10〜14日	U.S.D.A
〃	0	90〜95	21〜28日	神奈川農
レ タ ス	0	98〜100	2〜3週間	U.S.D.A
チ コ リ	0	95〜100	2〜4週間	U.S.D.A
キ ャ ベ ツ	0			
(秋 冬)	0	90〜95	3ヶ月	千葉農
(〃)	0	98〜100	5〜6カ月	U.S.D.A
(早 生)	0	90〜95	1〜2カ月	千葉農
(〃)	0	98〜100	3〜6週間	U.S.D.A
ケ ー ル	0	95〜100	2〜3週間	U.S.D.A
ハ ク サ イ	0	90〜95	50〜70日	千葉農
〃	0	90〜95	75日	神奈川農
〃	0	95〜100	2〜3カ月	U.S.D.A
グ リ ン ピ ー ス	0	95〜98	1〜2週間	U.S.D.A
サ ヤ エ ン ド ウ	0	90〜95	20〜50日	福島, 鹿児島農
サ ヤ イ ン ゲ ン	8	85〜90	8〜10日	冷凍38
エ ダ マ メ	0		20〜25日	食研, 大阪府大
ス イ ー ト コ ー ン	0	95〜98	5〜8日	U.S.D.A
オ ク ラ	7〜10	90〜95	7〜10日	U.S.D.A
〃	10	85〜95	7〜10日	農施研48シ
ト マ ト				
(完 熟)	2〜7	85〜90	4〜7日	千葉農
(催 色 果)	10	85〜90	2週間	千葉農
(緑 熟 果)	13〜21	90〜95	1〜3週間	U.S.D.A

表6 主な野菜の貯蔵条件と貯蔵可能日数（つづき）

野菜の種類	貯蔵温度℃	関係湿度%	貯蔵期間	備考(出所,文献)
キ ュ ウ リ	10 〜 13	90〜95	10〜15日	千葉農
〃	〃	95	10〜14日	U.S.D.A
ナ ス ン	8 〜 12	90〜95	1週間	U.S.D.A
ピ ー マ ン	10	90〜95	1〜3カ月	静岡, 千葉農
〃	7 〜 10	90〜95	2〜3週間	
イ チ ゴ	0	90〜95	5〜7日	U.S.D.A
〃	1		10〜15日	大阪府大
ス イ カ	10 〜 15	90	2〜3週間	U.S.D.A
メ ロ ン				
（ 温 室 ）	4 〜 5	90〜95	2〜3週間	千葉農
（ 露 地 ）	8 〜 10	90〜95	15日	愛知農
（ 〃 ）	2 〜 5	95	15日	U.S.D.A
マッシュルーム	0	95	3〜4日	U.S.D.A
〃	1		5〜7日	大阪府大
シ イ タ ケ	1	95〜100	10〜15日	大阪府大
〃	0		10日	東京農
エ ノ キ タ ケ	1		5〜7日	大阪府大
カ ブ	0	95	4〜5カ月	U.S.D.A
ダ イ コ ン				
（ 葉 付 ）	0	90〜95	30〜40日	千葉農
（ 葉 切 除 ）	0	90〜95	2〜3カ月	千葉農
（ 〃 ）	0	95〜100	2〜4カ月	U.S.D.A
ニ ン ジ ン	0	90〜95	3〜4カ月	千葉農
〃	0	98〜100	7〜9カ月	U.S.D.A
カ ボ チ ャ	10 〜 13	50〜70	2〜3カ月	U.S.D.A
ワ サ ビ	−1 〜 0	98〜100	10〜12カ月	U.S.D.A
ニ ン ニ ク	0	65〜70	6〜7カ月	U.S.D.A
シ ョ ウ ガ	14	90〜95	4〜6カ月	千葉農
〃	13	65	6カ月	U.S.D.A
タ マ ネ ギ	0	65〜70	1〜8カ月	U.S.D.A
バ レ イ シ ョ				
（ 晩 生 ）	3 〜 4	90〜95	5〜10カ月	U.S.D.A
	2 〜 5		6〜8カ月	農試（北海道）
サ ツ マ イ モ	13	95	4〜6カ月	千葉農
〃	13 〜 16	85〜90	4〜7カ月	U.S.D.A
サ ト イ モ	8	70〜75	2〜4カ月	千葉農
〃	7 〜 10	85〜90	4〜5カ月	U.S.D.A
ヤ マ ノ イ モ	0	90〜95	4〜6カ月	埼玉, 神奈川農

（大久保, 1993）

表7 果実の最適貯蔵条件・貯蔵期間および特性値

品目	温度 ℃	湿度 %	貯蔵期間	凍結点 ℃	水分 %	比熱 Kcal/Kg・℃
リ　ン　ゴ	−1.1〜4.4	90	3〜8月	−1.5	84.1	0.87
ア　ン　ズ	−0.6〜0	90	1〜2週	−1.1	85.4	0.88
ア　ボ　ガ　ド	4.4〜12.8	85〜90	2〜4週	−0.3	65.4	0.72
バ　ナ　ナ	12.7〜14.4	90〜95		−0.8	74.8	0.80
イ　チ　ゴ	0	90〜95	5〜7日	−0.8	89.9	0.92
ブ　ル　ー　ベ　リ　ー	−0.6〜0	90〜95	2週	−1.3	82.3	0.86
オ　ウ　ト　ウ	−1.1〜−0.6	90〜95	2〜3週	−1.8	80.4	0.84
イ　チ　ジ　ク	−0.6〜0	85〜90	7〜10日	−2.4	78.0	0.82
グレープフルーツ						
カリフォルニア・アリゾナ産	14.4〜15.6	85〜90	4〜6週		88.8	0.91
フロリダ・テキサス産	15.6	85〜90		−1.1	88.8	0.91
ブ　ド　ウ（米　系）	−0.6〜0	85	2〜8週	−1.3	81.9	0.86
ブ　ド　ウ（欧　系）	−1.1〜−0.6	90〜95	3〜6月	−2.2	81.6	0.85
レ　モ　ン		85〜90	1〜6月	−1.4	89.3	0.91
ラ　イ　ム	8.9〜15.6	85〜90	6〜8週	−1.6	86.0	0.89
マ　ン　ゴ　ー	12.8	85〜90	2〜3週	−0.9	81.4	0.85
ネ　ク　タ　リ　ン	−0.6〜0	90	2〜4週	−0.8	81.8	0.85
オ　レ　ン　ジ						
カリフォルニア・アリゾナ産	3.3〜8.9	85〜90	3〜8週	−1.3	87.2	0.90
フロリダ・テキサス産	0	85〜90	8〜12週	−0.8	87.2	0.90
パ　パ　イ　ヤ	7.2	85〜90	1〜3週	−0.9	90.8	0.93
モ　モ	−0.6〜0	90	2〜4週	−0.9	89.1	0.91
ナ　シ	−1.7〜−0.6	90〜95	2〜7月	−1.6	82.7	0.86
カ　キ	−1.1	90	3〜4月	−2.2	78.2	0.83
パ　イ　ナ　ッ　プ　ル	7.2〜12.8	85〜90	2〜4週	−1.1	85.3	0.88
ス　モ　モ	−0.6〜0	90〜95	2〜4週	−0.8	85.7	0.89
ザ　ク　ロ	0	90		−3.0	82.3	0.86

（USDAハンドブックNo.66）

表8 農産物の呼吸熱

農産物	温度別の呼吸熱（kJ/t/d）					
	0℃	5℃	10℃	15℃	20℃	25℃
ホウレンソウ	10,170	17,230	28,640	46,780	75,140	118,790
キ　ク　ナ	13,450	24,250	42,840	74,190	126,090	210,540
ハ　ク　サ　イ	3,590	4,500	5,580	6,890	8,430	10,250
レ　タ　ス	11,330	13,160	15,220	17,500	20,030	22,830
アスパラガス	16,760	29,150	49,710	83,230	136,920	221,520
ニ　ン　ジ　ン	10,020	13,810	18,830	25,400	33,910	44,840
タ　マ　ネ　ギ	3,130	3,850	4,710	5,720	6,900	8,270
カ　ブ	8,250	11,970	17,130	24,210	33,820	46,720
馬鈴薯（出島）	4,020	5,410	7,200	9,480	12,370	16,000
（メークイン）	1,370	1,580	1,800	2,050	2,320	2,620
サ　ツ　マ　イ　モ	3,260	4,780	6,920	9,900	13,980	19,510
サ　ト　イ　モ	1,750	2,570	3,710	5,290	7,460	10,390
温　州　ミ　カ　ン	2,710	4,420	7,070	11,120	17,240	26,320
カ　キ	1,920	2,900	4,300	6,290	9,090	12,960

（農業機械学会誌Vol.55, 1993, 村田　敏）

表9 果実・野菜の凍結点

果 実	凍結点(℃)	果 実	凍結点(℃)	野 菜	凍結点(℃)
アプリコット	-1.05	'ベリーA'	-2.05	シシトウガラシ	-1.65
アボガド	-0.30	ビワ	-1.65	ショウガ(新)	-0.60
イチゴ	-0.85	プラム	-1.35	(根)	-1.00
イチジク	-2.10	ブルーベリー	-1.35	ジャガイモ	-0.60
ウンシュウミカン	-1.30	マンゴー	-0.95	スイカ	-0.40
オウトウ	-1.75	メロン'カンタロープ'	-1.15	セルリー	-0.50
オレンジ	-0.85	'ハニデュウ'	-0.95	タマネギ	-1.35
カボス	-1.10	'マスク'	-1.25	ダイコン	-0.65
カキ'西村早生'	-2.05	モモ	-0.90	トウガン	-0.60
'伊豆'	-2.00	ライム	-1.60	トマト	-0.65
キウイフルーツ	-1.95	レモン	-1.50	ナス	-1.15
クリ	-2.45	リンゴ	-1.75	ニンジン	-1.20
グレープフルーツ	-1.05	野 菜	凍結点(℃)	ニンニク	-1.30
ナシ '二十世紀'	-1.75	アスパラガス	-0.60	ハクサイ	-0.60
'幸水'	-2.00	オクラ	-1.80	パセリ	-1.30
'新水'	-2.10	カブ	-0.95	ピーマン	-0.70
'長十郎'	-1.75	カボチャ	-1.85	ブロッコリー	-1.70
ナツダイダイ	-1.85	カリフラワー	-0.75	ホウレンソウ	-0.30
ハッサク	-1.80	キャベツ	-0.90	マッシュルーム	-0.90
パイナップル	-1.10	キュウリ	-0.60	メキャベツ	-0.85
パパイヤ	-0.90	ゴボウ	-2.25	ヤマイモ'いちょういも'	-1.00
バナナ(黄熟)	-2.00	サツマイモ	-1.70	'いせいも'	-1.00
ブドウ'巨峰'	-2.25	サトイモ	-1.00	'ながいも'	-0.80
'甲州'	-2.25	サヤインゲン	-1.05	レタス	-0.25
'デラウェア'	-2.35	サヤエンドウ	-0.65	レンコン	-0.95
'ネオマスカット'	-2.30	シイタケ	-1.00		

(邨田, 1993)

表10 果実・野菜のＣＡ貯蔵条件と貯蔵可能期間

種類(品種・系統)	温度(℃)	湿度(%)	環境気体組成		貯蔵可能期間
			O_2(%)	CO_2(%)	
リンゴ	0	90〜95	3	3	6〜9カ月
温州ミカン(普通)	3	85〜90	10	0〜2	6カ月
カ キ(富有)	0	90〜95	2	8	6カ月
〃 (平核無)	0	92	3〜5	3〜6	3カ月
ニホンナシ(二十世紀)	0	85〜92	5	4	9〜12カ月
〃 (菊水・新興)	0	90	6〜10以上	3以下	3〜6カ月
セイヨウナシ(バートレット)	0	95	4〜5	7〜8	3カ月
モ モ(大久保)	0〜2	95	3〜5	7〜9	4週
ク リ(筑波)	0	85〜90	3	6	7〜8カ月
青 ウ メ	5	—	2〜3	3〜5	1カ月
緑熟バナナ	12〜14	—	5〜10	5〜10	6週
イチゴ(ダナー)	0	95〜100	10	5〜10	4週
トマト	6〜8	—	3〜10	5〜9	5週
露地メロン(札幌キング)	0	—	3	10	30日
ホウレンソウ	0	—	10	10	3週
サヤエンドウ	0	95〜100	10	3	4週
レ タ ス	0	95〜100	10	4	2〜3カ月
ハ ク サ イ	0	90	3	4	4〜5カ月
ニ ン ジ ン	0	95	10	6〜9	5〜6カ月
ニ ン ニ ク	0	85〜90	2〜4	5〜8	10〜12カ月
ナ ガ イ モ	3〜5	90〜95	4〜7	2〜4	8〜10カ月
ジャガイモ(男爵)	3	85〜90	3〜5	2〜3	8〜10カ月
〃 (メイクイン)	3	85〜90	3〜5	3〜5	7〜8カ月

(萩沼, 1978)

表11 果実・野菜の低温障害の発生温度と症状

種類	科名	発生温度(℃)	症状
青ウメ	バラ	5〜6	ピッティング, 果肉褐変
アボガド	クスノキ	5〜10	追熟異常, 果肉褐変, 異味
オリーブ	モクセイ	6〜7	果肉褐変
オレンジ	カンキツ	2〜7	ピッティング, じょうのうの褐変
カボス	カンキツ	3〜4	ピッティング, す上がり, 異味
グレープフルーツ	カンキツ	8〜10	ピッティング, 異味
スダチ	カンキツ	2〜3	ピッティング, 異味
ナツミカン	カンキツ	4〜6	ピッティング, じょうのうの褐変
バナナ	バショウ	12〜14.5	果皮褐変, オフフレーバー
パイナップル（熟果）	パイナップル	4〜7	果芯褐変, ビタミンC減少
パッションフルーツ	トケイソウ	5〜7	オフフレーバー
パパイヤ（熟果）	パパイヤ	7〜8.5	ピッティング, オフフレーバー
マンゴー	ウルシ	7〜10	水浸状ヤケ, 追熟不良
モモ	バラ	2〜5	剥皮障害, 果肉褐変
ユズ	カンキツ	2〜4	ピッティング
リンゴ（一部の品種）	バラ	0〜3.5	果肉褐変, 軟性ヤケ
レモン（黄熟果）	カンキツ	0〜4	ピッティング, じょうのう褐変
（緑熟果）		11〜14.5	ビタミンC減少, 異味
オクラ	アオイ	6〜7	水浸状ピッティング
カボチャ	ウリ	7〜10	内部褐変, ピッティング
キュウリ	ウリ	7〜8	ピッティング, シートピッティング
サツマイモ	ヒルガオ	9〜10	内部褐変, 異常, 硬化
サトイモ	サトイモ	3〜5	内部変色, 硬化
サヤインゲン	マメ	8〜10	水浸状ピッティング
シロウリ	ウリ	7〜8	ピッティング
ショウガ（新）	ショウガ	5〜6	変色, 異味
スイカ	ウリ	4〜5	異味, 異臭, ピッティング
トウガン	ウリ	3〜4	ピッティング, 異味
トマト（未熟果）	ナス	12〜13	ピッティング, 追熟異常
（熟果）		7〜9	変色, 異味, 異臭
ナス	ナス	7〜8	ピッティング, ヤケ
ニガウリ	ウリ	7〜8	ピッティング
ハヤトウリ	ウリ	7〜8	ピッティング, 内部褐変
ピーマン	ナス	6〜8	ピッティング, シートピッティング, 萼, 種子褐変
メロン（カンタロウプ）	ウリ	2〜4	ピッティング, 追熟異常, 異味
（ハニデュ）		7〜10	ピッティング, 追熟異常, 異味
（マスク）		1〜3	ピッティング, 異味
ヤマイモ（イセイモ）	ヤマイモ	1〜3	内部褐変
（イチョウイモ）		0〜2	内部褐変
（大諸）		8〜10	内部褐変
（ナガイモ）		0〜2	内部褐変

(邸田, 1993)

表12 青果物の低温輸送の推奨温度

果実	1〜2日の輸送	2〜3日の輸送	野菜	1〜2日の輸送	2〜3日の輸送
リンゴ	3〜10℃	3〜10℃	アスパラガス	0〜5℃	0〜2℃
ミカン	4〜8	4〜8	ハナヤサイ	0〜8	0〜4
オレンジ	4〜10	2〜10	キャベツ	0〜10	0〜6
レモン	8〜15	8〜15	メキャベツ	0〜8	0〜4
グレープフルーツ	8〜15	8〜15	レタス	0〜6	0〜2
ブドウ	0〜8	0〜6	ホウレンソウ	0〜5	推奨できない
モモ	0〜7	0〜3	トウガラシ	7〜10	7〜8
アンズ	0〜3	0〜2	キュウリ	10〜15	10〜13
スモモ	0〜7	0〜5	インゲン	5〜8	推奨できない
サクランボ	0〜4	推奨できない	サヤエンドウ	0〜5	推奨できない
洋ナシ	0〜5	0〜3	カボチャ	0〜5	推奨できない
メロン	4〜10	4〜10	トマト（未熟）	10〜15	10〜13
イチゴ	1〜2	推奨できない	トマト（成熟）	4〜8	推奨できない
パイナップル	10〜12	8〜10	ニンジン	0〜8	0〜5
バナナ	12〜14	12〜14	タマネギ	−1〜20	−1〜13
クリ	0〜20	0〜20	ジャガイモ	5〜10	5〜20

(国際冷凍協会1974年勧告 (長谷川, 1975))

表 13 青果物の貯蔵適温およびエチレンの生成量と感受性

品 目 名	最適貯蔵温度(℃)	エチレン生成量	エチレン感受性	品 目 名	最適貯蔵温度(℃)	エチレン生成量	エチレン感受性
ア ス パ ラ ガ ス	0〜2.0	VL	M	ジ ャ ガ イ モ	2.0〜5.0	VL	M〔H〕
オ ク ラ	10.0〜12.0	L	M	パ セ リ	0	VL	H
カ リ フ ラ ワ ー	0	VL	M	ピ ー マ ン	10.0	L	M
カ ボ チ ャ	10.0〜13.0	L	L	ブ ロ ッ コ リ ー	0	M	H
キ ャ ベ ツ	0	VL	M	ホ ウ レ ン ソ ウ	0	VL	M
キ ュ ウ リ	10.0〜13.0	L	H	レ タ ス	0	VL	M
サ ツ マ イ モ	13.0	VL	H	イ チ ゴ	0	L	L
サ ヤ イ ン ゲ ン	8.0	L	H	ス イ カ	10.0	L	M〔L〕
シ ョ ウ ガ	14.0	VL	L	メロン(カンタローフ゜)	4.0〜5.0	H	H
ダ イ コ ン (秋 ど り)	0	VL	L	メロン(ハネシ゛ュウ)	8.0〜10.0	M	H
タ マ ネ ギ	0	VL	H〔M〕	イ チ ジ ク	0	M	L
ト マ ト (成 熟)	2.0〜7.0	M	〔H〕	カ キ	0	L〔M〕	H
ト マ ト (緑 熟)	13.0〜21.0	VL	H	ナ シ	0	L	L
ナ ス	8.0〜12.0	L	M	バ ナ ナ	13.0〜14.0	M	H
ニ ラ ン	0	VL	M	モ モ	0	H	H
ニ ン ジ ン	0	VL	M	リ ン ゴ	0	H	H
ニ ン ニ ク	0	VL	L	温 州 ミ カ ン	2.5〜5.0	VL	H
ハ ク サ イ	0	VL	H	青 ウ メ	10.0〜15.0	VH	H

注：エチレン生成量　　　　　　　　　　　　　　　　　　　　　　　（大久保, 1995 各種資料より作成）
VH：著しい, H：比較的大, M：中間くらい, L：低い(0.1〜1.0μℓ/kg·h), VL：極めて少ないか0に近い
エチレン感受性
H：高い, M：普通, L：低いか, ほとんど感じない

表 14 単位の換算表および水の物理定数

○長　　　　さ	1cm＝0.394inch　（1inchi＝2.540cm）
	1 m＝3.281ft　（1 ft＝0.305m）
○面　　　　積	1㎡＝10.764ft² （1 ft²＝0.093㎡）
	1ha＝100a＝2.471acre（1acre＝40.469a）
○体　　　　積	1ℓ＝0.264Gal　（1Gal＝3.785ℓ）
○質　　　　量	1kg＝2.205lb　（1lb＝0.454kg）
○　　力	1kgf＝9.807N　（1N＝0.102kgf）
○圧　　　　力	1Torr＝1mmHg　0.133kPa）
	1kgf/c㎡＝10⁴kgf/㎡＝0.098MPa）
	1atm＝760Torr＝101.325kPa）
○エ ネ ル ギ ー	1calint＝4.186int（int：国際単位）
	1kcalint＝3.968Btu（1Btu＝0.252kcalint）
	1kWhint＝860kcalint
	1冷凍トン＝3,320kcal/h
	（1冷凍トンとは0℃の水1トンを24時間で0℃の氷にする能力）
○温　　　　度	0℃＝32° F
	C＝5（F−32）／9　　　（F＝9C／5＋32）
○呼　吸　熱	1kcal／kg／hr＝24,000kcal／ton／day
○水 の 物 理 定 数	気化熱＝539.8cal/g（100℃において）
	融解熱＝79.7cal/g（0℃において）

４．農産物流通技術研究会2022年度（2021年10月〜2022年９月）

活 動 概 要

Ⅰ．総 会

＜2022年度（第43期）定期総会＞

1．日　時：2021年12月２日（木）　13：00〜13：30
2．会　場：科学技術館 第一会議室
　　　　　　　（東京都千代田区北の丸公園２番１号）
3．内　容：

　　本年は役員の改選の時期であったが、前期に引き続き、会長の長谷川美典（元農研機構）、副会長の馬場正（東京農業大学）の体制で研究会を運営する。コロナウイルスの影響で社会全体がシュリンクしているが、政府の方針で、輸出を含め、青果物流通にはプラスの風が吹いている。一方で、新たなAI技術などの利用促進が求められている。この機会に、農産物流通技術研究会の総力を挙げ、技術の普及や研究会の発展を図ることとした。

　　会員に研究発表の機会を提供するとともに、会報への論文投稿を促すため、総会開催日の午前中に、研究発表会を開催した。総会終了後の講師を含めた情報交換会は、コロナウイルスの影響で、前年に引き続き中止となった。

Ⅱ．総会記念シンポジウム・例会・研修視察など

＜2022年度総会記念シンポジウム＞

1．日　時：2021年12月２日（木）　13：40〜16：50
2．会　場：科学技術館 第一会議室
　　　　　　　（東京都千代田区北の丸公園２番１号）
3．内　容：『みどりの食料システム戦略と有機農業・有機食品』

　　食料・農林水産業の生産力向上と持続性の両立をイノベーションで実現する新たな政策方針として、2021年５月12日に「みどりの食料システム戦略」が策定された。その中で、先進諸国に比べて大きく後れを取っている有機農業については、2050年までに耕地面積に占める割合を25％、100万haへと大幅に拡大する方針が示された。

　　農産物流通技術研究会では、(公財)飯島藤十郎記念食品科学振興財団からの2019年度特定課題研究助成「有機農産物の品質に関する学術論文の網羅的レビュー」により、文献に基づき国内外の有機農業と青果物・ハーブの品質について調査した。

　　本シンポジウムでは、「みどりの食料システム戦略」の概要、有機農業の可能性と課題、その検査認証制度の現状、調査事業から見えた有機農業・有機農産物の課題について講演をいただき、2050年を見すえたわが国における有機農業と有機農産物の生産・流通を考える機会としたい。今回、コロナ下で、Zoomによるリアルタイム配信（会員限定）も行った。

参加人数　　32名

（司会：長谷川美典）

　　1．みどりの食料システム戦略と有機農業
　　　　　　　（農林水産省農産局農業環境対策課 課長補佐　嶋田光雄）
　　2．21世紀後半を見すえた有機農業の可能性と課題
　　　　　　　（あしたを拓く有機農業塾 塾長　涌井義郎）

3．有機食品の検査認証制度

(（独)農林水産消費安全技術センター規格検査部商品調査課

主任調査官　後藤裕二)

4．有機農業が農産物の品質に及ぼす影響　〜論文サーベイランス〜

(千葉大学大学院園芸学研究科　教授　椎名武夫)

5．総合討論

内容の詳細については、会報 No.330 に掲載。

<第12回研究発表会>

1．日　　時：2021年12月2日(木)　10:00〜10：35
2．会　　場：科学技術館　第一会議室

(東京都千代田区北の丸公園2番1号)

3．内　　容：

総会の日の午前中に、研究発表会を開催した。数分間のショートプレゼンテーションを行い、質疑応答を行った。発表内容について、以下に簡単に紹介する。なお、〇印は発表者である。

(座長；家壽多正樹)

1．群馬県特産ネギの品種識別指標の検討

〇清水匠（伊勢崎興陽高校・高崎健康福祉大農学部)・小保形航大・北國響香・廣瀬竜郎・橋田庸一・岡部繭子（高崎健康福祉大農学部)

群馬県には江戸時代より栽培されていた記録の残る地域特産ネギとして下仁田地域の下仁田ネギや伊勢崎地域の下植木ネギがあり、現在でも栽培されている。この下仁田ネギと下植木ネギは類似しているが、その品種を明確に区別する指標が存在しない。そこで、本研究では下仁田ネギと下植木ネギを同一圃場にて栽培、形態調査し、2品種の違いを明らかにすることで品種を識別するための指標について検討を行った。

調査した 12 項目（生体重、全長、葉身長、葉鞘長、分岐長、軟白長、葉幅、葉数、葉鞘径上部、葉鞘径下部、分岐角度、葉先角度）のうち8項目で有意な品種間差が見られた。このうち、栽培管理の影響を受けにくいと考えられた分岐長、葉鞘径下部、分岐角度、葉先角度の4項目では、葉鞘径下部を除き有意な植替え処理の効果は見られなかった。

以上の結果から、分岐長、分岐角度、葉先角度の3項目が植替え処理の有無にかかわらず、下仁田ネギと下植木ネギを識別する指標として有効であることが示された。特に、分岐角度、葉先角度は圃場内で計測でき、植物体を抜き取らずに調査できるので品種識別の簡易的な方法として有効と考えられた。

今回は伊勢崎市での栽培となったが下仁田地域は伊勢崎地域より年平均気温が約3℃低い．また、下仁田ネギの代表的な産地である下仁田市馬山地区は礫を含んだ壌土であり今回栽培した圃場とは異なる土壌であるため、今後は気象や土壌条件も考慮した調査が必要と考えられた。

2．カットパイナップルの Active　MA 包装による品質保持

〇奥津ちひろ・吉田実花・馬場正（東京農大農学部)

パイナップルはカットフルーツとしての消費が伸びているが、消費期限は2〜4日と短い.カット青果物の品質保持では袋内の酸素・二酸化炭素濃度を人為的に調整し、青果物の呼吸を抑制する Active MA 包装が有効とされている(馬場、2020)。ただしその効果は、青果物の種類などによって異なるとされる（Kader・Ben-Yehoshua、2000)。そこで本研究では、国産パイナップル2

品種に対してカット加工後 Active MA 包装を試み、品質保持期間を延長できる初期酸素・二酸化炭素濃度を検討した。

　貯蔵中の袋内ガス濃度をみると、すべての試験区で酸素は経時的に減少し、低酸素区でとくに低い値を示した.二酸化炭素はすべての区で増加した。'N67-10' では、20％二酸化炭素区で褐変が発生したのに対して、10％二酸化炭素区で外観が維持され、とくに 80/10 区ではドリップの発生が認められず、他の区と比較して異臭の発生も抑えられた。一方、'ボゴール' では 10％、20％二酸化炭素区ともに初期酸素濃度 50％以上の高酸素区で 7 日後においても、かび、異臭、ドリップの発生が抑えられ、80/20 区では 10 日後も外観品質や異臭の発生が抑えられた。一般生菌数は、10 日後に無調整 MA 区、50％酸素区で基準値 10^5CFU/g を超えたが、80％酸素区ではそれ以下に抑えられ、特に 80/20 区では $8.6×10^2$CFU/g と最も低い値となった。

　以上より、カットパイナップルにおける Active MA 包装では、初期酸素濃度を 80％に設定することで、品質保持期間の延長が可能であった。その際、組み合わせる二酸化炭素濃度は検討した 2 品種で異なっており、品質保持に適した初期ガス濃度は品種ごとに検討する必要性が示唆された。

＜研究例会、研修視察＞
　コロナウイルスまん延の影響で、本年度は開催できなかった。

Ⅲ．農流技研会報・年報など
＜農流技研会報＞
　328 号（2021 年 10 月 1 日）、329 号（2022 年 1 月 1 日）、330 号（2022 年 4 月 1 日）、331 号（2022 年 7 月 1 日）を発行した。
　前年度の研究発表会における発表の中から、1 報が論文にまとめられ、編集員会の審議を経た後、331 号に掲載された。

＜農産物流通技術2022（年報）＞　（本冊子）
　農産物流通技術研究会の企画・編集による年報（約 120 ページ）を 2022 年 9 月に発行した。
　なお、農産物流通技術 2022 を書店（全官報販売業協同組合経由）で販売する契約をした。

＜ホームページ＞
　研究例会・研修視察の開催案内などの迅速な情報発信に努めた。ホームページの内容充実を図るための一環として、過去の研究例会、研修視察、総会シンポジウム、会報、年報などの情報更新を行った。ホームページの URL は、下記の通りである。
　　　　　　　　　　　　　　http://www.noryu.academy/
＜会費・参加費＞
　会費は、2009 年度より下記の通りとなっている。
　　維持会員；70,000円、会報・年報最大 3 冊、行事会員価格参加 3 名
　　団体会員；30,000円、会報・年報 1 冊、行事会員価格参加 1 名
　　正会員　；　6,000円、会報・年報 1 冊、行事会員価格参加 1 名（本人）
　　学生会員；　1,000円、行事参加1,000円（本人）
　なお、研究例会・シンポジウム参加費は、会員3,000円、非会員10,000円、協賛会員5,000円である。研修視察については、会員割引となっている。

Ⅳ．受託

<飯島藤十郎記念食品科学振興財団「特定課題等助成金」　有機農産物の品質に関する学術論文の網羅的レビュー>

　我が国においては有機農業の普及率は1％にも満たず、その原因として、①低い収量、②病害虫による被害の深刻、③手間を要する等が挙げられているが、研究蓄積の少ないことも指摘されてきた。そこで、本調査では、内外の有機農産物の品質に関する研究論文を網羅的にレビューし、今後の我が国における有機農業の試験研究に資するとともに、有機加工食品に関心の高い農業者・産業界のための情報に資する。2021年4月に、調査の概要をとりまとめた報告書を、同財団へ提出した。また、詳細版（文献抄録）の発行準備を進め、近日中に発行する予定である。

<青果物輸出促進協議会>

　青果物輸出促進協議会が開催している「オールジャパン青果物輸出促進のための分野・テーマ別青果物部会」において、専門委員として会長が参加している。技術的なアドバイスを行うとともに、「輸出用青果物の品質保持に向けた栽培・流通管理マニュアル」の作成について監修及び資料作成を任された。昨年度のもも・ぶどう編に続き、今年度はうんしゅうみかん・かき編を作成した。

Ⅴ．専門委員会の設置

　研究会活動の強化のために、下記の専門委員会を設置している。

　　○企画委員会（研究例会・総会記念シンポジウム・研修視察等の企画など）
　　　　委員：吉田委員長、馬場委員、家壽多委員、藤岡委員、中村委員
　　○会報・年報委員会
　　　　委員：長谷川委員長、渡辺宏委員、藤岡委員、椎名事務局長
　　○授賞選考委員会
　　　　委員：河野委員長
　　○検定事業推進委員会
　　　　委員：長谷川会長、藤島顧問、宮崎監事、馬場副会長、椎名事務局長
　　　　（藤島顧問・宮崎監事が実務担当）

Ⅵ．理事会の開催

　総会が開催された2021年12月2日（木）11:30～12:45、科学技術館　パークレストラン(地下1階)にて、理事会を運営委員会との合同で開催した。

Ⅶ．役員の改選

　役員の任期は2年であり、2022・2023年度の役員として、以下のメンバーが選出された。

（50音順、所属などは2022年8月現在）

　(1)　会長
　　　　長谷川美典　　　　元農研機構　理事・果樹研究所　所長
　(2)　副会長
　　　　馬場　　正　　　　東京農業大学 農学部 農学科 ポストハーベスト学研究室　教授

退任

　大下　誠一（理事）　　　　　東京大学 大学院農学生命科学研究科

　　　　　　　　　　　　　　　　　食の安全研究センター　特任教授